LA ESPECIE
QUE CAMBIÓ EL CLIMA DEL FUTURO, Y SE ASUSTÓ LEYENDO EL PASADO

LA ESPECIE
QUE CAMBIÓ EL CLIMA DEL FUTURO,
Y SE ASUSTÓ LEYENDO EL PASADO

Laia Alegret Badiola

PRENSAS DE LA UNIVERSIDAD DE ZARAGOZA

STVDIVM
GENERALE
CAESARAV-
GVSTANAE
CIVITATIS

COLECCIÓN PARANINFO
SAN BRAULIO 2024

Prensas de la Universidad de Zaragoza
Edificio de Ciencias Geológicas
c/ Pedro Cerbuna, 12 • 50009 Zaragoza, España
Tel.: 976 761 330
puz@unizar.es   http://puz.unizar.es

Impreso en España
Imprime: Servicio de Publicaciones. Universidad de Zaragoza
ISBN 978-84-1340-806-4
Depósito legal: Z 536-2024

El mundo hay que fabricárselo uno mismo, hay que crear peldaños que te suban, que te saquen del pozo. Hay que inventar la vida, porque acaba siendo verdad.

Ana María MATUTE

AGRADECIMIENTOS Y PRESENTACIÓN

Mis primeras palabras son de agradecimiento al Rector Magnífico de la Universidad de Zaragoza, José Antonio Mayoral Murillo, por su amable invitación para impartir la alocución laudatoria de San Braulio en la festividad de nuestra universidad. Recae sobre mí un honor inesperado, y aprecio su confianza al encomendarme esta tarea.

Como no podría ser de otra manera, en la alocución resaltaré la importancia de mi especialidad, la Paleontología, cuyas múltiples aplicaciones son generalmente desconocidas por una gran parte de la sociedad. Lejos de hacer una revisión exhaustiva, me centraré en la contribución de la Paleontología a uno de los grandes retos a los que se enfrenta nuestra civilización, el cambio climático.

Aragón y la Universidad de Zaragoza han sido cuna de grandes paleontólogos. Resulta tentador enumerarlos, pero el listado sería incompleto y susceptible de recibir críticas bien fundadas, así que me limitaré a citar, de forma conscientemente sesgada, a dos paleontólogos. El primero es una figura tan relevante como D. Lucas Mallada y Pueyo, que impulsó el desarrollo de la Paleontología en nuestro país en el siglo XIX a través de la recolección y catalogación de las principales especies fósiles. Nuestra ciudad natal, Huesca, sigue rindiendo homenaje hoy en día a este ingeniero, geólogo y paleontólogo, que también contribuyó al proyecto del Mapa Geológico de España. La segunda persona que citaré no nació en Aragón, pero desarrolló su brillante carrera investigadora en la Universidad de Zaragoza y llegó a ser miembro de la Real Academia de Ciencias de Zaragoza. D. Eustoquio Molina Martínez fue catedrático de Paleontología en nuestra universidad, creó un amplio grupo de investigación en Micropaleontología y formó a numerosos investigadores, convirtiéndose en un referente a nivel nacional e internacional. Seguro que estaría muy orgulloso de saber que cinco de sus doctorandos llegaron a ser catedráticos de Paleontología en el Departamento de Ciencias de la Tierra. El área de Paleontología de este departamento se creó en el año en el que yo nací, y en sus casi cincuenta años de historia ha contado y sigue contando con grandes especialistas, de los que he aprendido mucho, tanto en lo profesional como en lo personal. También son de obligada referencia aquí los cientos de estudiantes que han pasado por sus aulas y cuya vocación paleontológica inspira y enriquece día a día a esta profesora, que se ve reflejada en ellos y que se siente muy afortunada por trabajar en esta casa.

En mi alocución pretendo abordar el cambio climático desde la perspectiva temporal que aporta el registro geológico y paleontológico, y que permite poner el actual cambio global en un contexto más amplio para entenderlo y analizarlo. El título es el resultado de una agradable tarde de conversaciones científico-filosóficas con mis colegas catedráticos de Paleontología María Ángeles Álvarez Sierra (Universidad Complutense de Madrid) y Alejandro Cearreta (Universidad del País Vasco), en una cafetería de la plaza Mayor en Salamanca. Ese día, la concentración de CO_2 en la atmósfera (<https://www.co2.earth/daily-co2>) fue un 0,9 % mayor que el mismo día del año 2023, un 1,4 % mayor que el mismo día del 2022, un 2,1 % mayor que el año anterior, un 7 % mayor que hace diez años, un 12,3 % mayor que hace veinte años, un 25,8 % mayor que hace cincuenta años…

INTRODUCCIÓN

Comenzaré esta alocución invitando al lector a hacer una reflexión. Seguramente, todos conocen a alguna persona que en su niñez, o incluso en la etapa adulta, se ha sentido fascinada por los majestuosos dinosaurios que dominaron la tierra hace millones de años, por los grandes reptiles que surcaron mares y cielos, o por aquellos mundos pretéritos en los que un insecto podía alcanzar varios metros de longitud. Apasionados por la búsqueda de formas orgánicas en las rocas y por encontrar los restos petrificados de la vida del pasado. Es muy probable que conozcan a algún niño que ha memorizado nombres complicados de dinosaurios, sus hábitos alimenticios, comportamiento y otros detalles de su vida. O incluso es posible que ese niño sea usted, y quizás no le sorprenda que grandes millonarios, o actores como Leonardo di Caprio o Nicolas Cage, inviertan parte de sus fortunas en coleccionar fósiles. De hecho, los fósiles son uno de los objetos naturales que más se coleccionan, probablemente a raíz del interés que despiertan en el ser humano el medio natural que le rodea, la belleza y la diversidad de las formas orgánicas. Un interés que ya demostraba hace unos 80 000 años el hombre de Neanderthal al recolectar fósiles. El hombre de Cromagnon ya hacía collares con conchas fosilizadas, y se han hallado organismos del pasado atrapados en ámbar en las tumbas de la civilización egipcia. La recolección motivada por la curiosidad, o por el valor estético y ornamental de los fósiles, llevó a su inclusión en los variopintos gabinetes de curiosidades a partir del siglo XVII, que fueron el germen de los primeros museos de ciencias naturales. La evolución de estas instituciones hasta los modernos museos de Paleontología, que atraen a millones de visitantes cada año, es un tema que en sí mismo podría dar pie a otra alocución. Ya en el siglo XIX, Camille Flammarion se preguntaba:

> ¿Y cómo no estar interesado en estas maravillosas conquistas de la ciencia moderna que, al buscar las tumbas de la Tierra, ha resucitado a nuestros antepasados perdidos? A la orden del genio humano, estos monstruos antediluvianos se han sacudido en sus negros sepulcros […] y han surgido de sus tumbas […]. Salieron de sus canteras, pozos de mina, túneles, excavaciones, y reaparecieron a la luz del día […]. Estos viejos cadáveres […] petrificados […] han escuchado la trompeta del juicio, del juicio de la ciencia, y han resucitado […] y aquí están, […], conscientes de su valor, diciéndonos en su silencio de estatuas: «Aquí estamos, somos vuestros antecesores, sin los cuales no existiríais. Miradnos y encontrad en nosotros el origen de lo que sois, porque somos nosotros quienes os hemos creado» (Flammarion, 1886; adaptación de Sanz-García, 2023).

Pero, volviendo a nuestra reflexión, no son pocas las ocasiones en las que se me ha acercado un adulto describiéndome la gran vocación paleontológica que tenía, o que sigue teniendo, pero que dejó de lado para desarrollar la profesión que le recomendaron sus allegados, o la que prometía ser más exitosa. La devoción de los niños por los animales del pasado suele desarrollarse entre los 3 y los 6 años, y luego se desvanece, coincidiendo con la edad en la que la sociedad comienza a moldear sus futuras aspiraciones profesionales, e incluso a transmitirles estereotipos sociales de género (Bian et al., 2017).

La sociedad transmite la idea de que no necesita la Paleontología. Pero la Paleontología es importante. Como apunta Mary Schweitzer,

> Pueden plantearse un millón de razones por las cuales la Paleontología debería estudiarse […]. ¿Cómo responden los organismos a un cambio global a largo plazo y a gran escala? […]. Tenemos experimentos en las rocas que encierran una historia de 4500 millones de años. Los datos ya están allí, solo hay que interpretarlos (Bosscher, 2016; adaptación de Sanz-García, 2023).

Efectivamente, la Paleontología estudia los fósiles, que son evidencias de la vida del pasado, para analizar el origen y evolución de los organismos, los ambientes en los que vivieron y las interacciones entre ellos. No se limita a estudiar el pasado como algo muerto, sino que contribuye a comprender la vida y los ecosistemas actuales, poniendo en contexto incluso a nuestra propia especie. Pero la Paleontología va mucho más allá, se proyecta hacia el futuro y es fundamental para conocer la respuesta de nuestro planeta a eventos globales, incluido el actual cambio climático (Alegret, 2023). En especial, el estudio de los fósiles microscópicos fue fundamental para el desarrollo de la Paleontología aplicada por su gran utilidad en la industria del petróleo y la exploración de recursos naturales, y, como se expondrá más adelante, hoy en día es la principal herramienta para contextualizar el actual cambio climático, entender su excepcionalidad y mejorar los modelos climáticos. Modelos que generan predicciones del cambio global para las próximas décadas o siglos, tan necesarias para que nuestra sociedad pueda plantear soluciones o mecanismos de mitigación y adaptación. Este texto se dedica precisamente a la contribución de la Paleontología a los estudios sobre el cambio climático.

Concluyo la reflexión volviendo a aquella fascinación inicial por la Paleontología, que en muchos casos se ha visto truncada. Quizás la próxima vez que veamos a un niño o a una niña buscando fósiles, podamos apreciar y fomentar esa vocación, que puede contribuir a hacer nuestro planeta más habitable para la especie humana en un futuro próximo.

EL CAMBIO CLIMÁTICO

¿Qué está ocurriendo?

El cambio climático es una de las múltiples transformaciones a gran escala que se están produciendo en nuestro planeta como consecuencia de las actividades antropogénicas. Constituye uno de los grandes retos a los que se enfrenta nuestra civilización y ha pasado a ocupar un primer plano en foros científicos, políticos, económicos y sociales a nivel mundial porque ha dejado de ser un simple riesgo o advertencia para las generaciones futuras. El cambio climático ya está aquí y afecta a los millones de personas que ocupamos el planeta (IPCC, 2023).

Las actividades desarrolladas por el hombre liberan a la atmósfera grandes cantidades de gases de efecto invernadero como el dióxido de carbono (CO_2), el metano (CH_4) o el óxido nitroso (N_2O). Su concentración en la atmósfera va íntimamente ligada a la temperatura media del planeta, y su aumento conlleva consecuencias como la intensificación de las precipitaciones, cambios en la distribución de lluvias y tormentas, y en la circulación oceánica, acidificación de los océanos, temperaturas extremas, periodos regionales húmedos o secos, un descenso en el volumen de hielo en los polos y un ascenso del nivel del mar, todo ello asociado a riesgos para la seguridad humana y pérdida de biodiversidad (Hönisch et al., 2012; Field et al., 2014). Los datos sobre su impacto hoy en día son cada vez más contundentes, y en 2022 las elevadas temperaturas batieron récords en todos los continentes (Romanello et al., 2023). El concepto de «cambio global» se refiere a este amplio conjunto de cambios y transformaciones que afectan a la salud global y aumentan las muertes por calor y por catástrofes, pandemias y enfermedades relacionadas con la calidad del aire y del agua, amenazan la producción de alimentos, provocan migraciones de muchas especies, incluidos los humanos, y ya han causado ingentes pérdidas económicas.

El clima representa el conjunto de condiciones atmosféricas de una región, y los elementos meteorológicos que lo caracterizan incluyen la temperatura, la presión, la humedad, la precipitación y el viento. Entre los mecanismos que regulan el clima se encuentran las tendencias a largo plazo, que corresponden a variaciones sistémicas en la radiación solar o en los ritmos orbitales, y fluctuaciones caóticas resultantes de la interacción entre forzamientos, retroalimentaciones y moderadores. El clima es, por tanto, un sistema complejo, y su comportamiento resulta difícil de predecir.

Las principales causas de la variación climática incluyen parámetros astronómicos, procesos inherentes a nuestro propio planeta y otros relacionados con las actividades antropogénicas (figura 1).

Ejemplos de los factores astronómicos que influyen sobre el clima incluyen las variaciones orbitales del Sol y de la Tierra (por ejemplo, inclinación en el eje de rotación de la Tierra, excentricidad de la órbita de la Tierra alrededor del Sol, luminosidad solar y viento solar) o las manchas solares. Estos mecanismos determinan la cantidad de

Principales causas de la variación climática

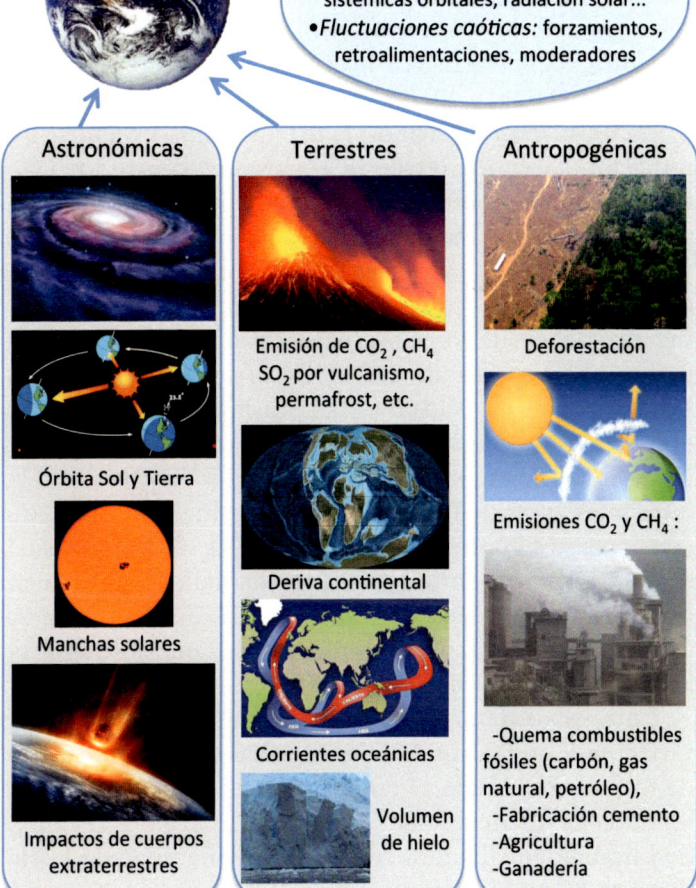

Figura 1. Las principales causas de la variación climática y mecanismos reguladores del clima.

energía que llega desde el Sol y modulan el clima terrestre. Las variaciones orbitales de la Tierra describen sus movimientos de traslación y rotación mientras gira alrededor del Sol, y se repiten de forma cíclica siguiendo los denominados *ciclos de Milankovitch,* así llamados por el astrónomo y geofísico serbio que los describió, Milutin Milanković. La excentricidad de la órbita de la Tierra alrededor del Sol oscila cada 100 000 y 405 000 años entre una elipse estirada, y otra más circular. Cuando la órbita es más excéntrica, la radiación solar que recibe la Tierra oscila entre un 1 % y un 11 % en los momentos en los que pasa por el punto más alejado respecto al Sol (afelio) y por el punto más cercano (perihelio). El ángulo del eje de rotación de la Tierra oscila entre 21,6 ° y 24,5 ° cada 41 000 años (ciclos de oblicuidad), y el giro del eje de rotación (el eje de la Tierra oscila como una peonza) varía cada 21 000 años (ciclos de precesión). Los tres tipos de ciclos de Milankovitch —excentricidad, oblicuidad y precesión— se combinan produciendo variaciones complejas en la tasa de insolación que reciben las diferentes áreas de la Tierra situadas a diferentes latitudes en diferentes épocas del año. Los ciclos de Milankovitch se traducen, por tanto, en cambios climáticos que afectan principalmente a la estacionalidad y a la cantidad de radiación solar recibida, y esos cambios quedan registrados en las rocas y en los fósiles (figura 2).

Entre otros factores astronómicos, se ha sugerido que las variaciones en la cantidad de manchas solares, que varían de forma cíclica cada 11 años, provocan cambios muy sutiles en la irradiancia solar. No obstante, periodos recientes de variabilidad climática como la Pequeña Edad de Hielo, durante la cual la temperatura del planeta fue un grado centígrado menor de lo habitual, coinciden con un periodo (entre 1645 y 1715) en el que se dieron muy pocas manchas solares. Los impactos de cuerpos extraterrestres

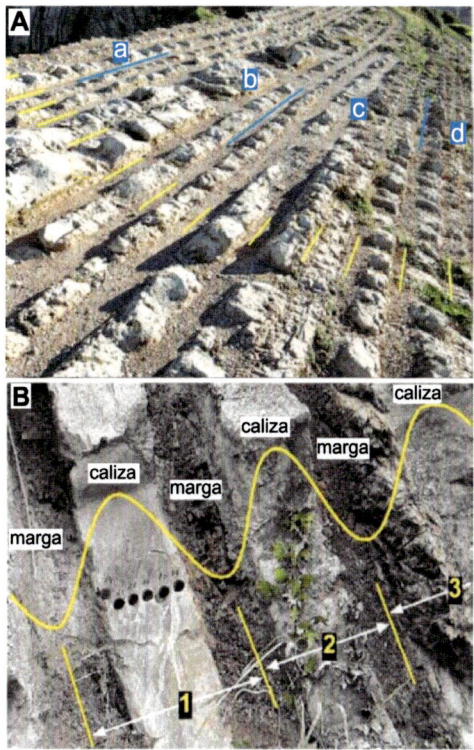

Figura 2. Ejemplos de la impronta de los ciclos de Milankovitch en los estratos del Paleoceno de Zumaia, en la costa vasca. A) Los ciclos de precesión (20 000 años cada uno), marcados en amarillo, se expresan como una alternancia regular entre capas de caliza (niveles blanquecinos que resaltan) y de marga (niveles blandos más erosionados, de color más oscuro). Los ciclos de excentricidad (100 000 años), marcados en azul a-d, incluyen cinco ciclos de precesión cada uno. B) Ciclos de precesión 1-3, definidos por pares de marga y caliza. Modificado de Baceta et al. (2012).

son otro ejemplo de factores astronómicos que tienen la capacidad de alterar el clima, y, aunque sus consecuencias dependen de múltiples factores como el tamaño y composición del meteorito o asteroide y el lugar de impacto, sus efectos se pueden registrar a distintas escalas temporales, desde combustión instantánea y aumento de temperatura a corto plazo hasta lluvia ácida e invierno nuclear (ej., Alegret et al., 2012; Henehan et al., 2019; Hull et al., 2020).

Entre los factores propios de la Tierra, la deriva continental y la distribución de los continentes y océanos en un momento determinado, los cambios en las corrientes oceánicas, el volumen de hielo, la actividad volcánica y otras emisiones naturales de gases de efecto invernadero tienen una clara influencia sobre el clima. El océano ejerce un control fundamental sobre el clima porque absorbe calor y lo desprende más despacio que la tierra. Si las tierras emergidas se concentran en latitudes bajas, cercanas al ecuador, los mares ocupan las altas latitudes (cercanas a los polos), y, debido a su capacidad para conservar el calor, dificultan la aparición de hielo permanente. La distribución de los continentes en un momento dado puede causar cambios estacionales en la dirección del viento (por ejemplo, el clima monzónico), provocando cambios drásticos en los patrones generales de precipitación y temperatura. Asimismo, las corrientes marinas influyen en la circulación atmosférica y en el clima. El movimiento de las placas tectónicas, además de configurar la geografía en un momento dado, fomenta el vulcanismo. Las grandes erupciones volcánicas emiten gases y cenizas a la atmósfera y pueden llegar a provocar lluvia ácida, oscurecer la atmósfera e impedir el paso de la radiación solar; además, la liberación de dióxido de azufre provoca enfriamiento a corto plazo (años), y la emisión de dióxido de carbono provoca calentamiento a largo plazo (Hull et al., 2020). Un ejemplo histórico de la influencia del vulcanismo en el clima es la erupción del volcán Tambora (Indonesia) en 1815. Sus efectos a corto plazo provocaron el fallecimiento de más de 70 000 personas. A largo plazo, provocó un enfriamiento de 2,5 °C en

Europa, y 1816 se llegó a conocer como «el año sin verano», marcado por la falta de cosechas y las epidemias. Este marco general sirvió de inspiración para escritores románticos británicos, que iniciaron ese verano obras célebres como *El Vampiro*, esbozado por Lord Byron y acabado por su médico y asistente, William Polidori, y *Frankenstein o el moderno Prometeo*, de Mary Godwin, que cambió de apellido al casarse con el poeta Percy Shelley.

Las actividades desarrolladas por el hombre también tienen la capacidad de modificar el clima, por ejemplo a través de la deforestación o de las emisiones de gases de efecto invernadero. Las emisiones de dióxido de carbono o metano se deben principalmente al transporte y la quema de combustibles fósiles como carbón, gas natural o petróleo, a la fabricación del cemento, o a actividades agrícolas y ganaderas. Las emisiones de metano a la atmósfera son inferiores a las de dióxido de carbono, pero el metano es un gas de efecto invernadero más potente y su capacidad para atrapar el calor en la atmósfera es 25 veces mayor, siendo responsable de más de un tercio del calentamiento antropogénico actual.

El clima actual está perfectamente documentado con medidas instrumentales de los parámetros que caracterizan el tiempo. A nivel global, se monitoriza mediante una red de estaciones y satélites que observan en tiempo real la temperatura, la presión, las precipitaciones, la humedad, la radiación solar, la velocidad del viento y otros parámetros de la atmósfera, y en los océanos se mide rutinariamente la temperatura, la salinidad o el estado químico desde la superficie hasta los 2000 metros de profundidad a través de redes de boyas marinas (Summerhayes y Cearreta, 2019). El aumento en la concentración del dióxido de carbono en la atmósfera es un componente del cambio climático global, y se ha medido de forma continua desde 1958 en

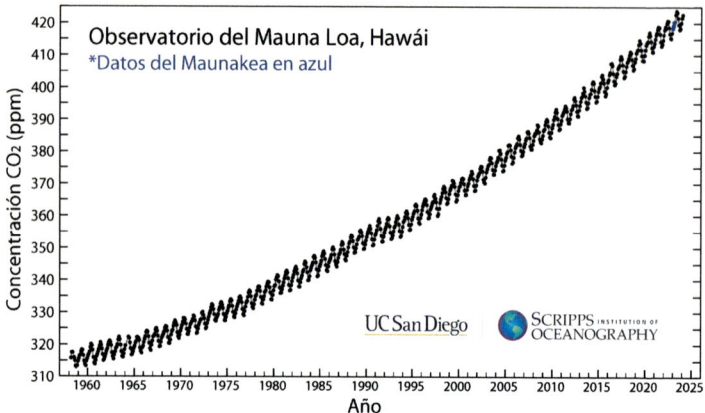

Figura 3. Medias mensuales de la concentración de CO_2 atmosférico obtenidas diariamente desde 1958 mediante medidas instrumentales en el observatorio de Mauna Loa (Hawái). Datos del Programa Scripps CO2 (Scripps Institution of Oceanography at UC San Diego; Keeling y Keeling, 2017; Keeling et al., 2001). La concentración de CO_2 se expresa en partes por millón de la fracción molar (ppm).

el observatorio de Mauna Loa, en Hawái (figura 3). Las mediciones únicamente se detuvieron unos siete meses debido a la erupción del volcán Mauna Loa, y durante ese periodo de tiempo (desde el 29 de noviembre de 2022 hasta el 4 de julio de 2023) se obtuvieron en el observatorio de Maunakea, situado unos 33 kilómetros al norte de Mauna Loa. La curva resultante debe su nombre a Charles David Keeling, químico estadounidense que inició la recopilación de datos y alertó sobre la posible contribución antropogénica al efecto invernadero y al calentamiento del planeta. La relación entre los gases de efecto invernadero y el aumento de temperatura ya había sido demostrada de forma experimental por Eunice Newton Foote en 1856, y en 1938 Guy S. Callendar identificó la quema de combustibles fósiles como la principal causa

24

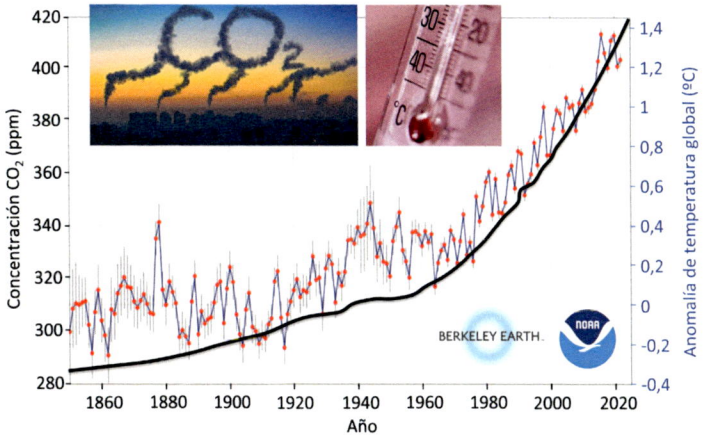

Figura 4. Anomalía global de temperatura relativa a la media 1850-1900 (en azul) y concentración de CO_2 en la atmósfera (en negro, media anual expresada en partes por millón de la fracción molar, ppm). Figura de anomalía de temperatura modificada de <www.berkeleyearth.org>, añadiendo datos de CO_2 atmosférico de la curva Keeling desde 1958, y procedentes de análisis de las burbujas de aire atrapadas en el hielo para los años previos (NOAA Global Monitoring Laboratory).

del calentamiento global. El trabajo de Keeling aportó la evidencia del rápido aumento del CO_2 en la atmósfera. La conocida como *curva Keeling* es la serie histórica más larga que existe de la concentración de CO_2 atmosférico y muestra una tendencia ascendente desde 1958 (315 partes por millón, ppm) hasta la actualidad (425,40 ppm el 26 de febrero de 2024), que se ha acelerado en los últimos años. En detalle, su forma serrada representa los ciclos anuales, coincidiendo los meses de alta radiación solar (junio, julio, agosto) con una elevada actividad fotosintética y una disminución en la concentración de CO_2 atmosférico.

El aumento en los niveles de CO_2 en la atmósfera durante el periodo industrial ha ido ligado a un aumento de la temperatura de 1,4 °C con respecto a la media entre 1850 y 1900 (figura 4). El Panel Intergubernamental del Cambio Climático ya reflejó en su informe de 2007 (IPCC, 2007) el consenso que existe sobre la relación entre el aumento en la temperatura global desde mediados del siglo XX y el incremento en la concentración de gases invernadero de origen antropogénico (figura 4). Una vez emitido, el CO_2 permanece en la atmósfera y en los océanos durante miles de años, por lo que la acumulación de emisiones determina mayormente los cambios climáticos forzados por el CO_2.

¿Forma parte de la variabilidad natural del planeta?

Debido a que los gases de efecto invernadero permanecen en la atmósfera durante miles de años, para entender la evolución del clima resulta necesario observar una serie temporal más larga. La Paleoclimatología estudia las grandes variaciones climáticas, sus causas, y da una descripción lo más precisa posible de las características del clima para un momento determinado de la historia de la Tierra. La variación a escala geológica de los factores que determinan el clima actual, como la energía de la radiación solar, situación astronómica y movimientos planetarios, relieve y distribución de continentes y océanos, o la composición y dinámica de la atmósfera, constituyen los factores más utilizados en la deducción de los climas del pasado.

La curva Keeling proporciona un registro continuo del CO_2 atmosférico hasta el año 1958. También existen mediciones puntuales del CO_2 atmosférico en los años anteriores, pero los datos previos a estos registros instrumentales requieren de estudios paleoclimáticos. En concreto, para un intervalo de miles o cientos de miles de años, cuando no existían instrumentos para medir los parámetros del clima (termómetros, pluviómetros, barómetros, anemómetros, etc.), la única medida directa de la composición de la atmósfera la proporcionan las pequeñas burbujas de aire que quedaron atrapadas en la nieve (y posteriormente en el hielo) en los polos y en otras regiones donde la nieve nunca se funde. El análisis de la concentración de CO_2 en estas burbujas es, por tanto, una medida directa de las condiciones del pasado, de manera que el hielo polar aporta un registro de la composición de la atmósfera a lo largo de cientos de miles de años.

Los análisis del aire atrapado en las burbujas de testigos de hielo de la Antártida muestran que la concentración de CO_2 en la atmósfera ha variado de forma cíclica a lo largo de los últimos 800 000 años, observándose picos mínimos y máximos asociados a las épocas glaciares e interglaciares, respectivamente (figura 5). La principal causa de los ciclos glaciares e interglaciares son las variaciones orbitales asociadas a los ciclos de Milankovitch, que determinan la luz solar que llega a la Tierra en función de la distribución latitudinal y de las estaciones, relacionados con los cambios en la geometría de la órbita de la Tierra alrededor del Sol. No obstante, la magnitud total de los cambios de temperatura y volumen de hielo glacial-interglacial requiere tener en cuenta, además, los cambios en la concentración del CO_2 atmosférico y las retroalimentaciones climáticas asociadas (Masson-Delmotte et al., 2013).

Los valores máximos de CO_2 en la atmósfera en estos ciclos no han superado las 300 partes por millón (ppm), pero a partir de la Revolución Industrial se observa un aumento del CO_2 atmosférico, que crece a un ritmo aún mayor desde la Segunda Guerra Mundial hasta alcanzar los valores actuales (figura 4). A modo de ejemplo, dado que la concentración de dióxido de carbono en la atmósfera cuando el lector ojee estas líneas será superior a la

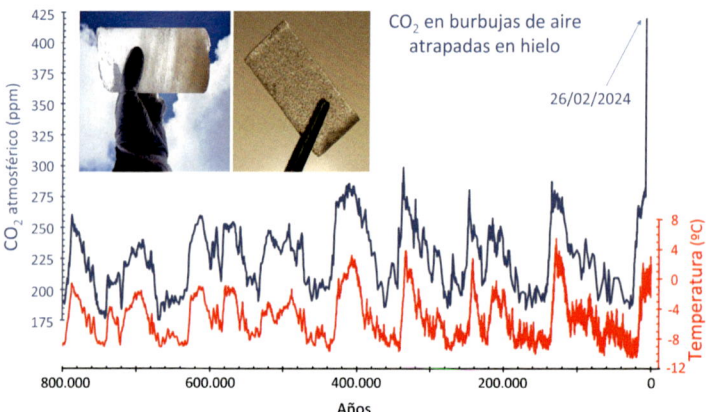

Figura 5. Concentración de CO_2 en la atmósfera durante los últimos 800 000 años (en azul, expresada en partes por millón, ppm), medida en las burbujas de aire atrapadas en el hielo, y diferencia de temperatura comparada con la media de los últimos 1000 años (en rojo, expresada en grados centígrados, °C) para el mismo intervalo. El año «cero» corresponde a 2020. Datos procedentes de <http://www.ncdc.noaa.gov/paleo/icecore/ antarctica/domec/domec_epica_data.html> para los registros de hielo de la Antártida, de NOAA (<http://www.esrl.noaa.gov/gmd/ccgg/trends/>) para las medidas actuales de dióxido de carbono, y de NASA (<http://data.gisss.nasa.gov/gistemp/graphs_v3/≥) para la temperatura actual. Modificado de Lüthi et al. (2008). Se observa como la concentración actual de CO_2 en la atmósfera sobrepasa ampliamente la variabilidad natural del planeta de los últimos 800 000 años.

del día en que me encuentro redactándolas, señalaré que el 26 de febrero de 2024 la concentración fue de 425,40 ppm, mientras que un año antes era de 421,23 ppm. Estos valores, y la concentración de otros gases de efecto invernadero, como el metano o el óxido nitroso, sobrepasan claramente la variabilidad natural del planeta durante los últimos 800 000 años (Lan et al., 2024). Debido a su importante efecto invernadero, estos cambios han condicionado la temperatura del planeta, y en la actualidad se están registrando las temperaturas globales más cálidas de los últimos 100 000 años (figura 5).

La tendencia natural de enfriamiento a largo plazo de los últimos 5000 años, relacionada con factores orbitales, persistió hasta el siglo xix (Masson-Delmotte et al., 2013) y fue revertida por el calentamiento medio anual desde el siglo xx.

Las reconstrucciones de la temperatura a escala continental muestran que durante la Anomalía Climática Medieval (años 950 a 1250) se produjeron períodos de varias décadas en los que algunas regiones fueron tan cálidas como a mediados y finales del siglo xx. Sin embargo, estos períodos cálidos regionales no fueron tan sincrónicos entre regiones como el calentamiento desde mediados del siglo xx. Las reconstrucciones climáticas y las simulaciones de los modelos indican que los cambios de temperatura entre la Anomalía Climática Medieval y la Pequeña Edad de Hielo (1450 a 1850) se debieron a una combinación de forzamiento orbital, solar y volcánico, y variabilidad interna (Masson-Delmotte et al., 2013).

Las medidas instrumentales del CO_2 atmosférico desde el periodo industrial reflejan un aumento tan rápido y de tal magnitud que únicamente puede ser atribuido a la acción antropogénica (ej., Callendar, 1938; IPCC, 2007), no siendo posible justificarlo mediante otros factores que afectan al clima (figura 1). Las variaciones orbitales no justifican el aumento de la temperatura en la actualidad. La cantidad de radiación que llega a la Tierra como consecuencia de la actual excentricidad en su órbita cambia un 6 % entre el afelio y el perihelio. La irradiancia solar ha disminuido con respecto a los últimos 150 años y en la actualidad no se observa correlación entre las manchas solares, la irradiancia y el aumento de la temperatura. Tampoco se han logrado identificar otros factores terrestres que justifiquen el rápido aumento en la concentración de CO_2 atmosférico y en la temperatura desde el periodo industrial.

La antigua concepción de que los efectos de la actividad humana eran insignificantes frente a las fuerzas naturales que controlan el clima ha cambiado radicalmente ante las evidencias del aumento de gases de efecto invernadero desde finales del siglo xviii, cuyo impacto en la composición química de la atmósfera y en los ciclos biogeoquímicos del planeta se hizo evidente a mediados del siglo xx (Cearreta, 2021). Las actividades humanas han conducido a la Tierra a una fase nueva de su historia geológica, el Antropoceno. Este término no corresponde a una subdivisión formal de la escala del tiempo geológico, pero resulta muy útil para expresar cómo la acción antropogénica ha modificado la trayectoria de muchos procesos clave de la Tierra, como por ejemplo las tasas de extinción, el aumento de gases de efecto invernadero en la atmósfera, calentamiento, ascenso del nivel del mar o acidificación de los océanos (Cearreta, 2021).

AMPLIANDO EL CONTEXTO TEMPORAL

Para entender la excepcionalidad del actual cambio climático y plantear soluciones o mecanismos de mitigación y adaptación, es fundamental analizar sus causas y ponerlo en contexto. Un contexto temporal amplio que permita compararlo no solo con el clima que hemos experimentado a lo largo de nuestras vidas, o con el registrado en las series históricas, sino con los cambios climáticos que se han sucedido a lo largo de miles y millones de años, en épocas anteriores a la aparición de *Homo sapiens*. Únicamente así podremos entender los mecanismos que regulan el clima global, comprender su naturaleza y sus ritmos de cambio, y discernir la señal antropogénica en épocas más recientes.

El factor tiempo es un parámetro fundamental en Geología y en Paleontología. Ambas ciencias requieren ubicar en el tiempo los eventos y procesos relacionados con la evolución de nuestro planeta y de la vida sobre él, y el conocimiento generado ha permitido construir la escala del tiempo geológico, conocida como *Tabla Cronoestratigráfica Internacional* (Cohen et al., 2013). Sin embargo, la historia de la Tierra es extraordinariamente larga, y los eventos que estudian la Geología y la Paleonto-

31

logía comprenden un rango tan amplio de escalas que en multitud de ocasiones resultan complicadas de asimilar. Por ejemplo, si representáramos en un año de 365 días toda la historia de nuestro planeta desde su origen hace 4567 millones de años, nuestra especie *Homo sapiens* aparecería en los últimos 14 segundos del 31 de diciembre, y los efectos de nuestras actividades sobre el clima global únicamente abarcarían una pequeñísima porción del último segundo. La variabilidad natural del clima durante los últimos 800 000 años (ciclos glaciares-interglaciares), para la que existen medidas directas del CO_2 atmosférico obtenidas a partir del análisis de las burbujas de aire atrapadas en el hielo, únicamente representaría el último minuto del año.

La velocidad de los eventos y procesos estudiados por la Geología también resulta muy diversa. La mayoría de los procesos geológicos son extremadamente lentos y se desarrollan a lo largo de decenas de millones de años, como la elevación de cadenas montañosas, que se estima en unos pocos milímetros por año. El movimiento de las placas tectónicas puede ser muy lento, del orden de una centésima de milímetro al año, y en otros casos se acelera hasta 10 cm por año. Otros eventos, por el contrario, se producen en unos pocos segundos, como los impactos de meteoritos o los terremotos, y se consideran geológicamente instantáneos, si bien sus consecuencias pueden abarcar un amplio rango de escalas temporales, desde efectos inmediatos hasta otros que se pueden llegar a registrar durante millones de años. Un claro ejemplo de esta combinación de escalas es el impacto del asteroide que causó la gran extinción en masa de hace 66 millones de años y que supuso el fin de la era de los dinosaurios (ej., Schulte et al., 2010). El impacto tuvo lugar en pocos segundos, pero desencadenó una serie de procesos que duraron cientos de miles de años, y la extinción borró de un plumazo innovaciones evolutivas que se habían fraguado a lo largo de millones de años. La caída del asteroide en la península de Yucatán, en México, provocó una gran bola de fuego, combustión instantánea en los segundos-minutos posteriores al impacto; elevadas temperaturas, caída de la eyecta incandescente, incendios y extinción a miles de kilómetros, terremotos y grandes tsunamis en los días posteriores; los gases emitidos tras el impacto provocaron lluvia ácida, y el oscurecimiento de la atmósfera por todo el material y gases despedidos causó un invierno nuclear durante décadas; se produjeron cambios en la geoquímica de los océanos durante decenas a cientos de miles de años, y la diversidad de los ecosistemas no se recuperó hasta unos 3 millones de años después de las extinciones (ej., Alegret et al., 2012; Henehan et al., 2019; Hull et al., 2020).

El análisis de las escalas temporales resulta, por tanto, fundamental para comprender los procesos y eventos globales. Además, la contextualización temporal del actual cambio climático es un ejercicio imprescindible para discernir la acción antropogénica de la variabilidad natural del clima. Y esta última únicamente puede ser conocida a través del estudio de una serie temporal larga que refleje la naturaleza del clima y sus ritmos de cambio a lo largo de millones de años.

Los fósiles vienen al rescate

Para ampliar el contexto temporal del actual cambio global, el estudio del registro geológico y paleontológico aporta información sobre el clima de hace millones de años. Para esta escala temporal no es posible obtener mediciones directas de los parámetros del clima (temperatura, pluviosidad, concentración del CO_2 en la atmósfera, etc.), pero se pueden calcular a través de medidas indirectas de los archivos paleoclimáticos. Las rocas sedimentarias y los sedimentos que se depositaron en el fondo de los océanos y en los continentes a lo largo de millones de años son archivos del cambio climático, y su morfología, estructura, sus procesos de formación, los fósiles que contienen y su composición química e isotópica son indicadores indirectos de los parámetros que caracterizan el clima del pasado (Cronin, 1999; Ruddiman, 2008).

El registro sedimentario en medios terrestres se encuentra a menudo incompleto porque la sedimentación no se produce de forma continua debido a los procesos episódicos de depósito y erosión. En medios terrestres, generalmente son los eventos poco frecuentes los que resultan en pulsos de acumulación y enterramiento de sedimento para la formación de registro rocoso. Algunos de estos eventos son las tormentas, las inundaciones, los eventos climáticos extremos y la actividad volcánica o sísmica, y son responsables tanto de la erosión como del depósito del sedimento. Frecuentemente resulta complicado asignar una edad concreta a sus rocas porque en muchos ambientes terrestres no existen fósiles adecuados para datar, y generalmente los fósiles se encuentran mal conservados o son escasos, lo que a su vez dificulta los estudios geoquímicos. Por el contrario, los sedimentos marinos son los que presentan una distribución geográfica más amplia, y un mayor número de localidades muestreadas. El registro marino es más completo y contiene un mayor espesor de sedimentos que suelen representar muchas decenas de millones de años, y es posible obtener registros de alta resolución en áreas donde la tasa de sedimentación es elevada. Además, las rocas y los sedimentos marinos contienen abundantes fósiles que permiten establecer dataciones relativas y obtener marcadores geoquímicos para estudiar cambios climáticos del pasado.

Los fósiles son evidencias de la vida del pasado, y la Paleontología se encarga de su estudio. La Paleontología es una ciencia natural porque su método se basa en la observación e interpretación de los objetos, aunque no experimenta directamente con ellos, y es además una ciencia histórica por ocuparse de interpretar los documentos del pasado, reconstruir procesos y descubrir los factores que han influido en su curso (López Martínez y Truyols, 1994). Se trata de una ciencia situada a caballo entre la Biología y la Geología, entendiendo la primera como la ciencia que estudia la vida del presente, y la segunda como la ciencia que estudia la Tierra en su sentido más amplio, especialmente desde el punto de vista genético y evolutivo. No obstante, las peculiaridades del registro fósil hacen que la Paleontología se encuentre claramente individualizada de ambas.

Para que un resto corporal o una señal de un organismo se consideren como fósiles es necesario que se haya producido un proceso físico-químico que le afecte, conocido como *fosilización* (López Martínez y Truyols, 1994). En definitiva, un fósil supone un fenómeno de transferencia de materia y/o información de la biosfera a la litosfera en el que confluyen historias independientes (biológicas, sedimentológicas y de los procesos de fosilización). Los fósiles y los lugares de donde son extraídos son por ello valiosos documentos científicos para descubrir el pasado de la Tierra, de la vida y de los seres humanos, pero al mismo tiempo constituyen útiles recursos naturales, culturales, educativos y turísticos. Forman parte del patrimonio natural y del patrimonio cultural, y requieren obrar consecuentemente para garantizar su protección.

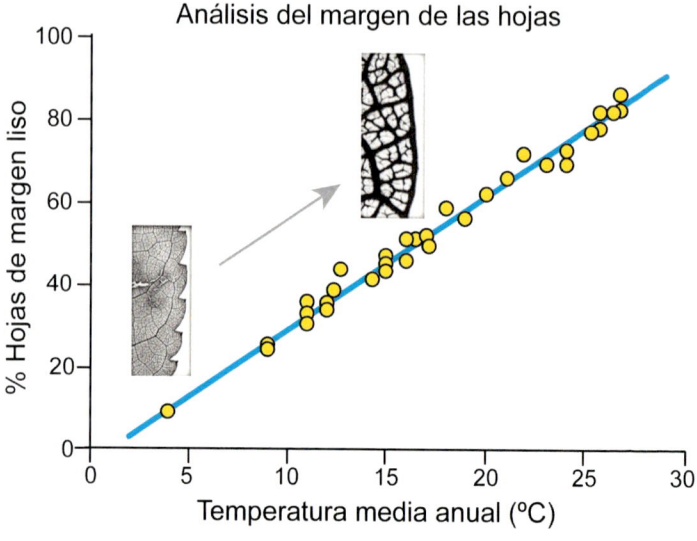

Figura 6. Estimación de la temperatura media anual a partir del análisis del margen de las hojas de angiospermas. Datos de Wolfe (1979). Temperatura estimada x = 0,306y + 1,14. Fotografías de hojas fósiles de angiospermas, con márgenes dentados (A, B) y lisos (C, D).

El estudio de los fósiles, de sus afinidades paleoclimáticas, y el análisis geoquímico de sus esqueletos o de sus caparazones constituye una excelente herramienta para inferir el clima del pasado, y en algunos casos permite reconstruir incluso las variaciones estacionales en la temperatura. El principio del actualismo permite deducir las afinidades climáticas de los organismos del pasado por comparación con los actuales. Así, algunos fósiles como los nenúfares o los vertebrados de gran tamaño son indicadores de climas cálidos, y las palmeras no se reproducen en áreas donde el suelo llega a helarse. El desarrollo de arrecifes coralinos en el pasado también se considera indicador de climas tropicales, y los cocodrilos se asocian a climas ecuatoriales y tropicales. Por el contrario, los fósiles de coníferas, algunos vertebrados como los mamuts o ciertos moluscos (como el género de almejas marinas Yoldia) se asocian a climas fríos. Las hojas fósiles de angiospermas proporcionan información sobre el clima del pasado a través de la relación que existe en medios actuales entre la morfología de las hojas y la temperatura media anual (figura 6): en climas cálidos predominan las hojas de márgenes lisos y en climas fríos predominan las de márgenes dentados (Wolfe, 1979).

Además, el tamaño de las hojas aumenta con la precipitación (Wilf et al., 1998), las puntas de goteo se asocian a lluvias extremadamente abundantes (figura 7) y el daño de los insectos sobre las hojas aumenta con la temperatura.

El análisis geoquímico de las partes mineralizadas de los organismos del pasado, como sus esqueletos o sus caparazones, que son las que generalmente fosilizan, aporta información valiosísima sobre las condiciones climáticas y ambientales. Los organismos acuáticos, por ejemplo, segregan sus caparazones de carbonato cálcico aproximadamente en equilibrio con las aguas en las que crecen,

Figura 7. Puntas de goteo en hojas fósiles (A-C, fotos de K. Johnson, Smithsonian Institution), actuales (D), y flor de nenúfar fosilizada (E).

y características como la temperatura de las aguas, las corrientes oceánicas o la productividad primaria marina quedan plasmadas en su composición atómica. Al analizar el carbonato cálcico de sus conchas fosilizadas, podemos inferir la temperatura o la salinidad de las aguas del pasado a través de sus isótopos de oxígeno. La mayoría de átomos de oxígeno están formados por ocho protones y ocho neutrones en su núcleo, lo que se conoce como el isótopo oxígeno 16 (O^{16}). Sin embargo, existe una pequeña proporción de estos átomos que tiene ocho protones y diez neutrones, el isótopo oxígeno 18 (O^{18}). Ambos presentan idénticas propiedades químicas al tener el mismo número de protones y electrones. Pero su diferente masa atómica, que depende de su número de neutrones, les hace tener comportamientos diferentes frente a procesos como la evaporación o la condensación. Existen moléculas de agua (H_2O) con O^{16} y otras con O^{18}, y la proporción entre ellas permite deducir cambios climáticos. De igual manera, los isótopos de boro son indicadores del pH (acidez) de las aguas, y los isótopos de carbono permiten cuantificar la productividad oceánica (proveniente de la fotosíntesis de las algas) y obtener inferencias sobre el ciclo del carbono. La presencia de elementos traza como el magnesio, el estroncio o el cadmio en sus conchas también aporta información sobre la temperatura, el drenaje por corrientes fluviales, o sobre las corrientes oceánicas. En el caso de mamíferos terrestres, el análisis geoquímico de sus partes mineralizadas (huesos, dientes) informa sobre la dieta del animal y sobre la cadena trófica.

Además de examinar la composición de las partes mineralizadas de los organismos del pasado, es posible realizar estudios geoquímicos en sus moléculas orgánicas. Las sustancias orgánicas se alteran fácilmente por los procesos de biodegradación, al ser utilizadas por los microorganismos descomponedores. Algunos compuestos orgánicos, como los lípidos, que entre otras funciones construyen las membranas celulares de los organismos, tienen mayor estabilidad durante la biodegradación. Las moléculas orgánicas largas no suelen persistir a los procesos de fosilización, que implican elevadas presiones y temperaturas, y tienden a romperse en otros compuestos (derivados específicos) que sirven como indicadores de las sustancias originales y de las condiciones en las que vivían. El estudio de estos derivados específicos, que se acumulan en el sedimento, permite, por tanto, deducir las condiciones ambientales del pasado (pH de las aguas, temperatura, salinidad, productividad marina, etc.).

Los fósiles de tamaño microscópico, o microfósiles, son particularmente útiles para estudiar el clima y los ambientes del pasado. Su utilidad práctica emana de su pequeño tamaño, abundancia en el registro fósil, alto grado de conservación de sus ejemplares y distribución ligada a edades concretas o a ambientes determinados. Permiten que con muestras relativamente pequeñas se obtenga material adecuado para aplicar métodos de análisis rigurosos (cuantitativos y poblacionales, estadísticos, geoquímicos, etc.), que proporcionan resultados muy relevantes. Estas características propiciaron el desarrollo de la Micropaleontología aplicada, que estudia los microfósiles para resolver problemas geológicos y paleobiológicos a través de dataciones de las rocas e inferencias ecológicas, ambientales y evolutivas. La Micropaleontología aplicada tuvo un desarrollo espectacular a lo largo del siglo XX, debido al uso extendido de los microfósiles en la datación y correlación de sondeos petrolíferos. En la actualidad, destacan los estudios de microfósiles por su aplicación no solo en la exploración de recursos naturales, sino también en la monitorización del medioambiente y niveles de contaminación, en criminalística y ciencias forenses, y, como se va a detallar a continuación, en el estudio y contextualización del cambio climático.

En medios terrestres, el polen fósil permite detectar patrones de cambio climático a través de su relación con categorías bioclimáticas basadas en la técnica del análogo más moderno y tipos funcionales. En medios marinos, los microfósiles de organismos unicelulares que recubren su única célula con un caparazón mineralizado se emplean para hacer análisis cuantitativos y estadísticos de sus poblaciones a muy alta resolución temporal, y para realizar estudios geoquímicos de sus caparazones. Este tipo de microfósiles (unicelulares y que segregan una concha mineralizada) incluye organismos muy diversos, desde algas marinas que viven cerca de la superficie de los océanos, realizan la fotosíntesis y son la base de la cadena trófica marina, como las diatomeas, los dinoflagelados y los cocolitofóridos, hasta multitud de grupos heterótrofos. Entre estos últimos, destacan los foraminíferos, un *filum* de protozoos ameboides que surgió hace unos 600 millones de años. La mayoría de estos protistas protegen su única célula mediante una concha que forman segregando carbonato cálcico, o aglutinando y cementando partículas del fondo marino. La concha puede estar formada por una única cámara, o por varias que se conectan entre sí a través de un orificio interno llamado *foramen* que da nombre al grupo. A través de pequeñas perforaciones de la concha, extienden sus pseudópodos para desplazarse, alimentarse y relacionarse con el medio (figura 8). Se contabilizan unas 9000 especies vivientes y más de 40 000 especies fósiles, caracterizadas por una gran variabilidad de formas y de ornamentación de sus conchas. Al morir, sus conchas se acumulan en el sedimento y fosilizan, dando lugar al grupo más estudiado en Micropaleontología por sus múltiples aplicaciones para inferir la edad de las rocas y reconstruir los ambientes, las corrientes oceánicas y el clima del pasado. Los fósiles de foraminíferos presentan la ventaja de su gran ubicuidad, estando presentes en casi todas las rocas sedimentarias marinas.

Desde el punto de vista de su modo de vida, se diferencian dos grandes grupos de foraminíferos. Los foraminíferos planctónicos flotan a distintas profundidades en la columna de agua, y los bentónicos viven en el fondo marino, ya sea sobre el sustrato o enterrados en sus 10 o 15 cm superiores. Los foraminíferos bentónicos son los

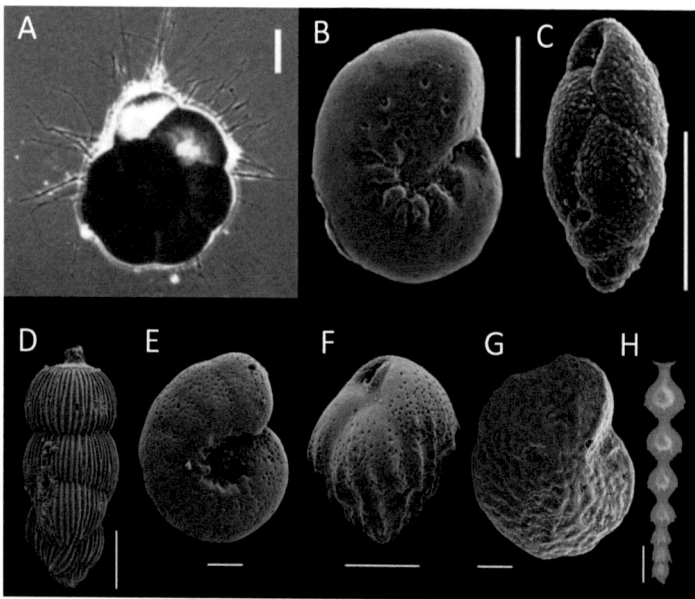

Figura 8. A, Foraminífero bentónico actual (izquierda): se observan las distintas cámaras de la concha espiralada y los pseudópodos extendidos hacia el exterior (Ammonia tepida. Fuente: J. P. Debenay). B-C, Foraminíferos bentónicos fósiles de edad Paleoceno, hace 65 millones de años (modificado de Alegret y Thomas, 2007). D-H, Foraminíferos bentónicos fósiles de los últimos 50 millones de años de Zelandia (modificado de Alegret, 2022). Las escalas equivalen a 100 micras.

protistas unicelulares que ocupan el mayor hábitat del planeta, los fondos marinos, desde los estuarios y zonas más someras (incluso aquellas bañadas por las mareas más altas) hasta las grandes profundidades batiales y abisales, desde el ecuador hasta los polos. Los fondos oceánicos batiales (de 200 a 2000 m de profundidad) y abisales (a partir de 2000 m de profundidad) se caracterizan por temperaturas medias de 1 °C, oscuridad absoluta y escasez de alimento, recibiendo solo un 1 % de la productividad primaria de la superficie. Se trata, por tanto, de un ambiente hostil, pero también muy estable, y los cambios que se observan en los foraminíferos bentónicos son indicativos de cambios globales (Alegret et al., 2012). Sus tasas evolutivas (aparición y extinción de especies) son lentas, con duraciones medias de las especies de unos 50 millones de años, y además son unos excelentes indicadores de las condiciones ambientales en los fondos marinos (Murray, 2006). Por estos motivos, se considera que los foraminíferos bentónicos proporcionan el mejor registro fósil de organismos que habitaban los fondos oceánicos del pasado. El estudio geoquímico de sus conchas ha permitido reconstruir la historia climática del planeta, especialmente de los últimos 66 millones de años o Cenozoico (ej., Zachos et al., 2008; Westerhold et al., 2020), ya que la temperatura de los fondos oceánicos profundos generalmente refleja la temperatura superficial de altas latitudes. Así, los foraminíferos bentónicos profundos son indicativos del clima global del planeta (Huber y Thomas, 2008).

Por lo general, cuanto más reciente es el registro geológico se puede obtener una mayor resolución temporal porque existen más rocas y fósiles conservados. En épocas anteriores al Cretácico, la resolución de los estudios disminuye y la conservación de los fósiles y del sedimento impide con frecuencia la obtención de medidas indirectas fiables, como análisis geoquímicos de sus caparazones, para inferir el clima del pasado. Además, para tiempos pretéritos, la composición de la atmósfera y de los océanos, la distribución de los continentes y otros factores que condicionan el clima son significativamente diferentes de los actuales, dificultando las comparaciones. Por ese motivo, a continuación me centraré en los últimos 66 millones de años de la historia de la

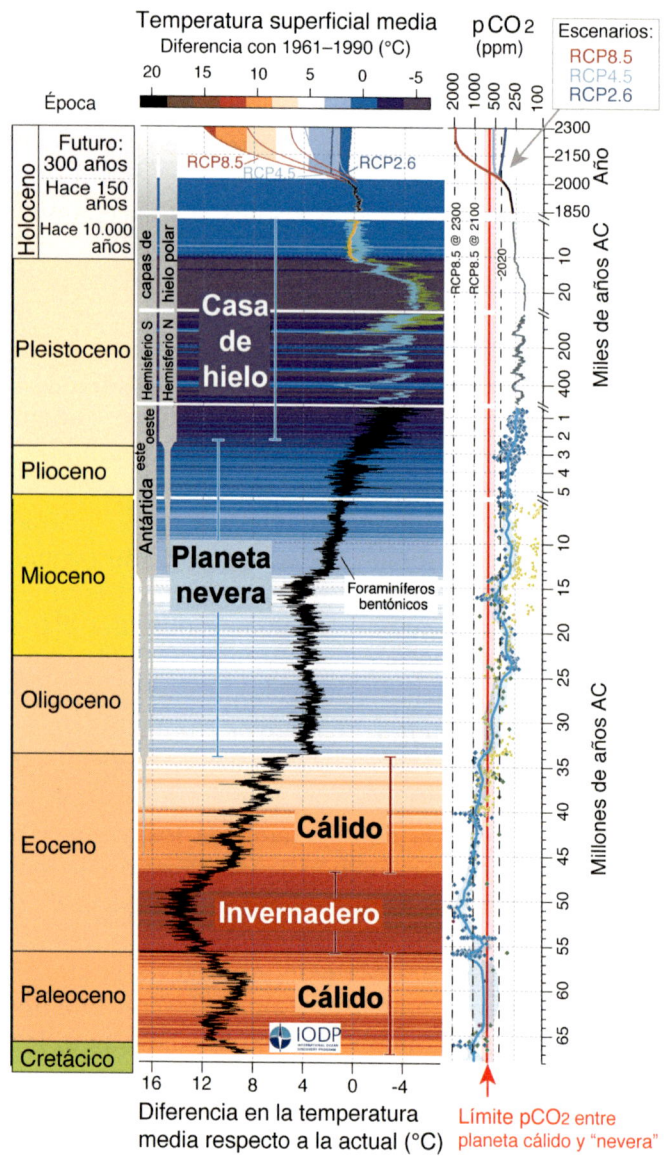

Temperatura superficial media
Diferencia con 1961–1990 (°C)

20   15   10   5   0   -5

pCO₂ (ppm)

Escenarios:
RCP8.5
RCP4.5
RCP2.6

Época

Futuro: 300 años
Hace 150 años
Hace 10.000 años

Holoceno

2000 1000 500 250 100

2300
2150
2000
1850

Año

RCP8.5
RCP4.5
RCP2.6

Pleistoceno

capas de hielo polar

Hemisferio S   Hemisferio N

Casa de hielo

RCP8.5 @ 2300
RCP8.5 @ 2100
2020

10
20
200
400

Miles de años AC

Antártida   oeste   este

Plioceno

1 2 3 4 5

Mioceno

Planeta nevera

Foraminíferos bentónicos

10
15

Oligoceno

25
30
35

Eoceno

Cálido

40
45
50

Invernadero

Paleoceno

Cálido

55
60
65

Millones de años AC

Cretácico

IODP

16   12   8   4   0   -4

Diferencia en la temperatura
media respecto a la actual (°C)

Límite pCO₂ entre
planeta cálido y "nevera"

44

Tierra para aportar el contexto temporal necesario que permita comparar el actual cambio climático con la variabilidad natural del planeta.

El análisis de isótopos de oxígeno en conchas de foraminíferos bentónicos en localidades de distribución global permite reconstruir la evolución climática de los últimos 66 millones de años e inferir cambios en la temperatura global, que va íntimamente ligada a la concentración de CO_2 en la atmósfera (figura 9). La curva resultante muestra que las elevadas temperaturas y la alta concentración de dióxido de carbono atmosférico hace 66-35 millones de años caracterizaron un planeta cálido e incluso un planeta «invernadero» en que el nivel del mar se situó varias decenas de metros por encima del actual. El enfriamiento progresivo dio paso a un planeta más fresco o «nevera» a partir de 33 millones de años, cuando comenzaron a aparecer capas permanentes de hielo. El descenso en el CO_2 atmosférico y en la temperatura global desde hace 2 millones de años dio paso a un planeta aún más frío, denominado *icehouse* o «casa de hielo», en el que se alternan los ciclos glaciares e interglaciares (figura 9) y en el que el nivel del mar llegó a situarse incluso 130 metros por debajo del actual.

Figura 9. Variaciones en la temperatura y en la concentración de CO_2 atmosférico para los últimos 67 millones de años y proyecciones para los próximos 300 años. Fuentes de los datos de temperatura: isótopos de oxígeno medidos en conchas de foraminíferos bentónicos profundos obtenidos en sondeos oceánicos (entre 70 y 0,5 millones de años); burbujas atrapadas en hielo (EPICA, Proyecto Europeo de Muestreo de Hielo en Antártida entre 800 000 años y el año 0; y NGRIP, Proyecto de muestras de hielo del norte de Groenlandia entre 100 000 años y el año 0); Marcott et al. (2013; hace 10 000 años); medidas instrumentales Had-CRUT4 (hace 150 años). Los cambios relativos en la temperatura del pasado, calculados a partir de los isótopos de oxígeno en conchas de foraminíferos, se han convertido a diferencias de temperatura con respecto a la actualidad. Las proyecciones para el año 2300 muestran tres escenarios futuros de temperatura global (Palmer et al., 2018) en función de tres vías de concentración de CO_2 (RCP). Las barras grises marcan estimaciones del volumen de hielo en cada hemisferio. Figura cedida por Thomas Westerhold, traducida y modificada.

Eventos de calentamiento del pasado. ¿Es grave?

El análisis geoquímico de los microfósiles marinos es una medida indirecta de la temperatura y de la concentración de CO_2 atmosférico en los últimos 66 millones de años (figura 9). Este amplio contexto temporal permite concluir que en la actualidad se registra la temperatura más cálida de los últimos 100 000 años y que los niveles de dióxido de carbono en la atmósfera son los más altos de los últimos 2 millones de años.

De cara al futuro, los investigadores del clima han propuesto una serie de escenarios de evolución de las emisiones de gases de efecto invernadero (*Representative Concentration Pathways,* RCP). En la figura 9 se muestran las proyecciones climáticas para los próximos 300 años, basadas en tres escenarios futuros de temperatura global (Palmer et al., 2008) en función de tres vías de concentración de dióxido de carbono (RCP): un escenario en el que las emisiones de CO_2 se reducen de forma significativa para volver a concentraciones de 360 ppm en el año 2300 y limitar el calentamiento global a 1,5 °C por encima de los valores preindustriales (RCP2.6), otro en el que se mitigan para limitar el calentamiento a 2 °C (RCP4.5) y otro en el que se no se mitigan las emisiones de CO_2 (RCP8.5), en el que la temperatura aumenta 4,5 °C y el clima global pasa de forma abrupta de un planeta «casa de hielo» a un planeta invernadero, sin capas de hielo permanente (Meinshausen et al., 2022; Palmer et al., 2018). Salvo el escenario más optimista, que según el último informe del IPCC ya resulta imposible de alcanzar, el resto de simulaciones indican que estamos muy cerca de llegar al nivel límite de CO_2 atmosférico que marca la diferencia entre el mundo «fresco» y el mundo cálido o invernadero (Westerhold et al., 2020). El intervalo comprendido entre

56 y 27 millones de años representa, por tanto, el mejor ejemplo geológico del que disponemos en el que las concentraciones de gases de efecto invernadero fueron muy similares a las que vamos a alcanzar en breve, y coinciden con temperaturas elevadas a nivel global. Además, este intervalo de tiempo resulta especialmente interesante porque incluye varios eventos rápidos de calentamiento que se superponen a los cambios graduales en el clima. Estos eventos tuvieron lugar durante el Paleoceno y el Eoceno y se conocen como *eventos hipertermales*. Se asocian a la rápida emisión de gases de efecto invernadero, y se estudian como análogos al actual cambio climático.

El estudio de eventos hipertermales de distinta magnitud, velocidad y duración, y el análisis de sus consecuencias permite evaluar la resiliencia de nuestro planeta, de la vida y los ecosistemas ante eventos globales de calentamiento. El mayor de los eventos hipertermales tuvo lugar hace 56 millones de años, en el límite entre el Paleoceno y el Eoceno, y durante este evento se alcanzaron las temperaturas más elevadas de los últimos 66 millones de años (figura 9). Conocido como *PETM* por sus siglas en inglés, el Máximo Térmico del Paleoceno-Eoceno se ha asociado a la emisión de grandes cantidades de carbono ligero C^{12} (Dunkley Jones et al., 2018), por ejemplo en forma de metano o dióxido de carbono. El drástico descenso en los isótopos de carbono ($\delta^{13}C$) durante el PETM (figura 10) indica una liberación de carbono ligero de cuatro a ocho veces mayor que las emisiones antropogénicas desde que comenzó la era industrial hasta la actualidad (Marland et al., 2005), y es comparable a las previsiones para finales del siglo XXI. A diferencia del actual cambio climático, la liberación de gases de efecto invernadero durante el evento del PETM se produjo de una forma más prolongada en el tiempo, a lo largo de miles de años. La liberación masiva de estos gases pro-

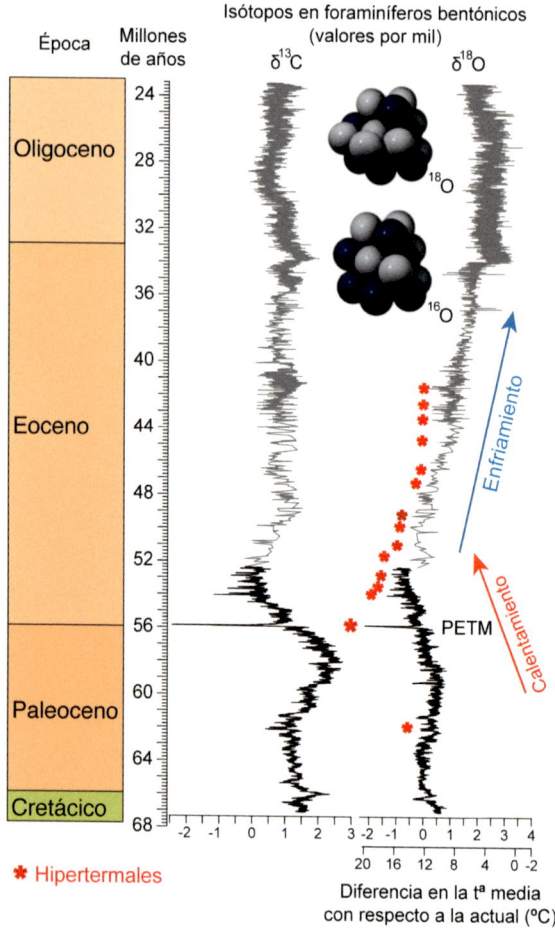

Figura 10. Variaciones en los isótopos estables de carbono y oxígeno medidos en foraminíferos bentónicos hace entre 23 y 67 millones de años; durante el PETM se observa como el calentamiento va ligado a alteraciones del ciclo del carbono (a través de la liberación de gases de efecto invernadero). Los asteriscos rojos señalan los rápidos eventos de calentamiento (hipertermales) que se superponen a los cambios graduales en la temperatura global (indicados con flechas: calentamiento en rojo y enfriamiento en azul). Modificado de Alegret et al. (2021a).

vocó un calentamiento del planeta de 4 a 9 °C, en todas las latitudes y profundidades, incluidos los fondos oceánicos, además de importantes cambios en los ciclos del carbono e hidrológico. Existen evidencias de fenómenos meteorológicos intensos como lluvias torrenciales y de cambios en la geoquímica de los océanos que provocaron una mayor acidez de las aguas (fenómeno conocido como *acidificación oceánica*) durante unos 20000 años (Cui et al., 2011).

Los mecanismos que condujeron al Máximo Térmico del Paleoceno-Eoceno siguen siendo objeto de debate, pero existe consenso en que intervinieron distintos factores naturales que se fueron retroalimentando a lo largo de miles de años. La intensa actividad volcánica registrada en el Atlántico Norte a finales del Paleoceno liberaría de forma gradual (a lo largo de un millón de años) dióxido de carbono a la atmósfera, provocando calentamiento en altas latitudes. Los cambios resultantes en las corrientes oceánicas desencadenaron de forma rápida (en menos de un milenio) el calentamiento de los océanos y la desestabilización de los hidratos del metano almacenados en los márgenes continentales, liberando metano a la atmósfera, que contribuiría al efecto invernadero y a calentar aún más los océanos, desestabilizando más hidratos del metano y liberando aún más gases de efecto invernadero. Como efecto colateral, la oxidación del metano en los océanos generaría disolución de carbonatos (acidificación oceánica) y consumiría oxígeno de las aguas, causando a nivel regional escasez de oxígeno para los organismos acuáticos. De forma paralela, el calentamiento global derretiría las capas heladas del permafrost, liberando grandes cantidades de metano adicional. Una de las principales preguntas que quedan por responder es qué acabó con la retroalimentación de este bucle, cuyas consecuencias modificaron de forma significativa la vida en el planeta y sus ecosistemas.

Debido al calentamiento, en medios terrestres se produjo la evolución y migración de especies a altas latitudes, y en el Ártico se ha hallado flora y fauna típicas de medios cálidos tropicales, como cocodrilos, palmeras o nenúfares (figura 11). Los mamíferos, además de migrar hacia latitudes polares, experimentaron una reducción en su tamaño corporal debido probablemente al calentamiento y a la disminución en el poder nutritivo de la vegetación (Gingerich, 2006). Las plantas muestran una reorganización temporal de sus especies y una disminución en su diversidad debido a cambios en el clima y, principalmente, en la precipitación (Wing et al., 2005). En los océanos se registra la evolución del plancton marino, y muchas especies ligadas a la temperatura migraron también hacia altas latitudes. Además, se produjeron extinciones, que afectaron sobre todo a los arrecifes algales, a los corales aragoníticos y muy especialmente a los foraminíferos bentónicos que habitaban los fondos oceánicos profundos y que experimentaron la extinción de más de la mitad de sus especies, y la mayor de los últimos 90 millones de años (ej., Thomas, 2007; Alegret et al., 2010). Las extinciones globales son poco frecuentes en los océanos profundos, y los escasos ejemplos que existen suelen indicar ausencia de refugios donde protegerse de las condiciones desfavorables. Los mecanismos concretos que causaron la extinción siguen siendo objeto de debate. Aunque factores como el descenso en la oxigenación o la acidificación de las aguas profundas pudieron contribuir a la desaparición de especies a escala regional, el aumento de la temperatura fue el único parámetro documentado en todas las latitudes, ambientes y profundidades marinas. El calentamiento de los fondos oceánicos pudo acelerar las tasas metabólicas de los foraminíferos bentónicos (y, por tanto, sus requerimientos alimenticios), que en la actualidad se duplican por cada aumento de

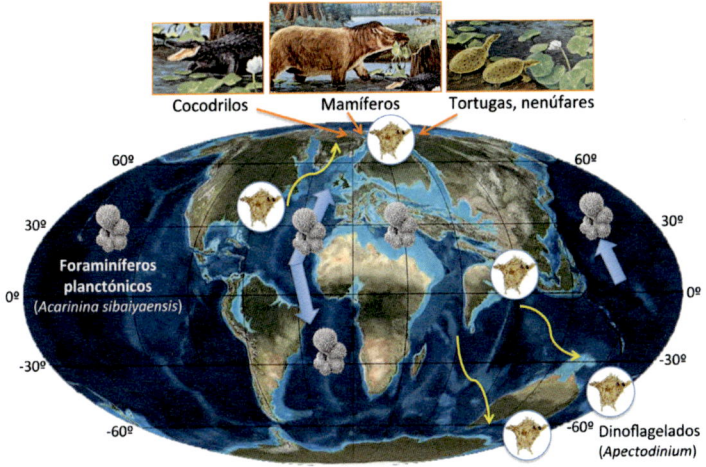

Figura 11. Reconstrucción de continentes y océanos hace 56 millones de años y migración de especies típicas de medios tropicales a altas latitudes durante el Máximo Térmico del Paleoceno- Eoceno.

~10 °C en la temperatura (Gillooly et al., 2001). Ello, unido a un menor aporte de nutrientes desde la superficie debido al incremento de la temperatura (Ma et al., 2014), pudo provocar las extinciones de los foraminíferos bentónicos (Alegret et al., 2009, 2010). En resumen, el PETM tuvo un impacto sobre la vida que puede describirse como temporal en términos geológicos, pero de larga duración en la escala humana.

Resulta interesante comparar la dimensión temporal del PETM con la del actual cambio climático. La liberación de gases de efecto invernadero durante el PETM se produjo a lo largo de unos 6000 años, causando un evento de calentamiento que se prolongó durante 200 000 años. Por el contrario, desde la época industrial se está liberando una mayor cantidad de gases, y de forma más rápida.

La velocidad de emisión de gases es muy importante porque tiene consecuencias sobre la geoquímica de los océanos (figura 12). Los modelos muestran que, si los gases se liberan de forma gradual a lo largo de mucho tiempo (miles de años), el océano es capaz de absorber el exceso de dióxido de carbono, mientras que si la liberación de gases es rápida, el sistema no tiene tiempo para adaptarse y se produce acidificación oceánica y disolución del carbonato de los caparazones en organismos marinos (ej., Hönisch et al., 2012; Zeebe y Zachos, 2013). Estas consecuencias ya se están empezando a observar en los océanos actuales (ej., Bednaršek et al., 2012), afectando a muchos invertebrados que son la base de la cadena alimenticia de los peces, y a los corales y arrecifes, que ven reducida su capacidad de absorber el exceso de CO_2. La acidificación oceánica afecta incluso a la alimentación de los humanos, disminuyendo la cantidad y calidad nutricional de los productos del mar a través de una menor producción de lípidos y proteínas de los peces, cuando estos son la principal fuente de proteínas de más de 1000 millones de personas. Los peces producen una menor cantidad de ácidos grasos omega-3, que tan beneficiosos son para la salud. La acidificación oceánica afecta a la propagación de contaminantes como el mercurio y otros metales pesados, y fomenta la proliferación de algas tóxicas.

Existen paralelismos entre el PETM y el actual cambio climático, pero eso no implica impactos similares en términos de extinción de especies y recuperación de los ecosistemas. En la actualidad se están extinguiendo cien especies por cada millón de especies y año, lo que supone una velocidad de cien a mil veces superior a la extinción de fondo asociada a procesos normales de evolución, tal y como indica el registro fósil (Rockström et al., 2009). Las causas de las extinciones en la actualidad son diversas e in-

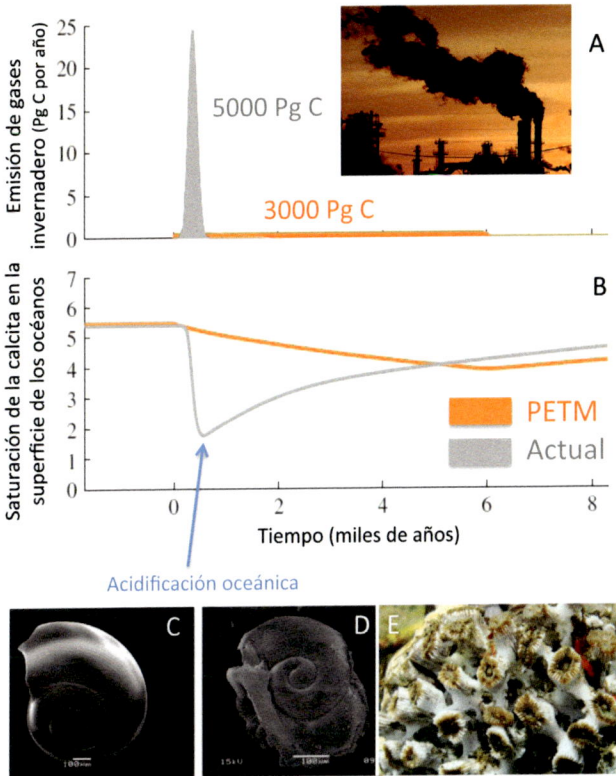

Figura 12. Efectos de la rapidez de emisión de gases de efecto invernadero (A) en la geoquímica de los océanos (B). A mayor rapidez, disminuye la saturación de la calcita en la superficie marina y se produce disolución. C-E, disolución de organismos marinos en la actualidad. C-D, invertebrados, que son la base de la cadena alimenticia de muchos peces (fotografías de Bednaršek et al., 2012). E, coral Cladocora caespitosa *afectado por disolución, que altera su capacidad de absorber el* CO_2 *(fotografía de R. Rodolfo-Metalpa y J. Hall-Spencer, Universidad de Plymouth).*

cluyen factores como la contaminación, la explotación de recursos naturales, cambios en el uso de la tierra y del agua dulce, etc. En los océanos, como ya hemos visto, la rápida liberación de gases de efecto invernadero desde la época industrial implica una mayor acidificación de las aguas que durante el PETM, con mayores consecuencias sobre los organismos que calcifican sus conchas. Además, los actuales cambios en la geoquímica y en la temperatura de los océanos afectarán a ecosistemas que ya están sometidos a presión ambiental. El análisis del registro fósil sugiere que la actual extinción en masa se asemeja más a extinciones causadas por eventos más rápidos, como el impacto del asteroide hace 66 millones de años (ej., Alegret et al., 2022), y que, de manera análoga, la recuperación de los ecosistemas necesitará varios millones de años. Por supuesto, existen muchas incertidumbres en cuanto a la velocidad de extinción de las especies en el futuro y aparición de otras nuevas, pero, si la tendencia actual de extinción continúa, el registro fósil indica que los humanos tendrán un impacto a largo plazo, de varios millones de años de duración, sobre la evolución de las especies en nuestro planeta.

La comparación de la velocidad de calentamiento durante el PETM y durante el actual cambio climático también aporta datos preocupantes. En el PETM, que fue el mayor evento de calentamiento de los últimos 70 millones de años, y en el que la fauna y flora tropicales, como los cocodrilos o los nenúfares, llegaron hasta el Ártico, el aumento de la temperatura se calcula entre 0,05 °C y 0,8 °C por siglo, en función de los autores. Sin embargo, la velocidad de calentamiento desde mediados del siglo xx duplica a la del PETM, y es de 1,6 °C por siglo. Ambos eventos no son directamente comparables porque las condiciones de partida son diferentes, con el PETM desarrollándose en un mundo invernadero sin capas de hielo permanentes, mientras que el actual cambio climático está teniendo lugar en un mundo con hielo permanente. No obstante, un aumento tan rápido de la temperatura amenaza la persistencia del hielo, como ya se observa con la desaparición de muchos glaciares y la disminución de los casquetes polares. La pérdida de todo el hielo permanente no solo produciría un aumento del nivel del mar (de 75 metros si desapareciera por completo), sino que devolvería nuestro planeta al «mundo invernadero» del Paleoceno y Eoceno. A lo largo de estas épocas geológicas se registran otros eventos de calentamiento o hipertermales, de menor magnitud que el PETM pero de características similares. Se asocian a calentamiento y liberación de carbono ligero al océano y a la atmósfera, tal y como indican los isótopos de oxígeno y de carbono en las conchas de microfósiles marinos (figura 10). Al igual que el PETM, los hipertermales menores causaron precipitaciones intensas que incrementaron la erosión en medios terrestres, causaron cambios geoquímicos en los océanos y aumentaron la acidez de las aguas, y, aunque no provocaron extinciones, sí que se registran cambios bióticos transitorios. El calentamiento global alcanzado durante estos eventos menores fue inferior al registrado durante el PETM, existiendo probablemente un valor crítico de calentamiento a partir del cual habría extinciones entre los foraminíferos bentónicos. Ese valor crítico se alcanzaría durante el PETM, pero no durante los hipertermales menores, por lo que no se registran extinciones en los fondos oceánicos (Alegret et al., 2021a).

La duración de los hipertermales menores fue rápida en términos geológicos, oscilando entre los 30 000 años para los más rápidos (Westerhold et al., 2018; Rivero-Cuesta et al., 2020) hasta casi 200 000 años, y se ha sugerido que estuvo modulada por factores orbitales (Thomas et al., 2006). Estos eventos de calentamiento de distinta magnitud, duración y velocidad de cambio se estudian como análogos al actual cambio climático y permiten construir los modelos climáticos. Para averiguar si los modelos son fiables para predecir las condiciones climáticas del futuro, se comprueban primero tratando de reproducir las condiciones del pasado, que ya se conocen a través de los datos paleoclimáticos obtenidos a partir del registro paleontológico y geológico. Y, en ocasiones, se detectan discrepancias importantes entre las simulaciones de los modelos climáticos y los indicadores paleoclimáticos. Por ejemplo, los modelos climáticos son capaces de simular razonablemente bien el calentamiento global del Eoceno en la mayor parte de las regiones, pero no logran reproducir las temperaturas especialmente cálidas que indican los estudios paleontológicos y geoquímicos en el Pacífico suroeste y en el mar Austral (Sutherland et al., 2018). Si los modelos climáticos no son capaces de reproducir los datos que conocemos del pasado, ¿cómo van a predecir de manera fiable las condiciones del futuro?

SI FALLAN LOS MODELOS…, EXPLOREMOS UN CONTINENTE SUMERGIDO

El Pacífico suroeste es una de las regiones donde los modelos climáticos presentan discrepancias importantes entre sus simulaciones del clima del Eoceno y las condiciones climáticas inferidas a partir de los fósiles y las rocas. Con el fin de mejorar los modelos climáticos, es necesario intensificar los estudios de estas regiones y generar bases de datos más amplias y sólidas que permitan retroalimentar los modelos.

Durante el Eoceno se produjo una inflexión en el clima global, y el calentamiento gradual registrado en épocas anteriores, que alcanzó un máximo entre 52 y 50 millones de años, fue sucedido por un enfriamiento gradual (Zachos et al., 2008) (figura 10). Para entender la transición entre el mundo cálido o invernadero y el mundo *icehouse* o «casa de hielo», resulta fundamental analizar este punto de inflexión, sus causas y su naturaleza (figura 9). Coincidiendo con esta inversión en las tendencias climáticas globales, los modelos climáticos no logran reproducir las altas temperaturas inferidas a partir de los fósiles en el Pacífico suroeste, donde además se registra una intensa actividad tectónica relacionada con el choque de placas. Con el objetivo de comprender mejor la historia climática de esta región, analizar el impacto de los movimientos tectónicos y de la reconfiguración del mar de Tasmania sobre las corrientes oceánicas, y mejorar los modelos climáticos, en el año 2017 el consorcio internacional *Integrated Ocean Discovery Program* organizó una expedición a Zelandia, el continente sumergido en el Pacífico suroeste.

Zelandia, la expedición

En pleno siglo xxi, cuando los telescopios y satélites permiten observar el universo a distancias que nos parecen infinitas, resulta casi impensable que en nuestro planeta queden vastos territorios por explorar. Se calcula que un 95 % de los fondos oceánicos permanece sin estudiar. El hecho de que el 71 % del planeta esté oculto bajo el agua, que absorbe las ondas electromagnéticas, complica la exploración de los fondos. Se necesitan avances técnicos y muchos recursos, difíciles de conseguir en una sociedad que olvida con frecuencia la importancia de conocer nuestro planeta, cuya habitabilidad depende directamente de la salud de los océanos.

Zelandia es un continente prácticamente inexplorado que se encuentra sumergido bajo las aguas del Pacífico suroeste y del que solo afloran sus montañas más altas: Nueva Zelanda, Nueva Caledonia y unas pequeñas islas del Pacífico (figura 13). Se sospechaba de su existencia desde los años setenta del siglo pasado, cuando se desarrolló la teoría de la tectónica de placas, pero su localización remota, el hecho de que el 94 % de su superficie se encuentre sumergida y los obstáculos legales para su exploración relacionados con los intereses económicos de los territorios colindantes (Australia, Nueva Zelanda, Nueva Caledonia), retrasaron durante décadas

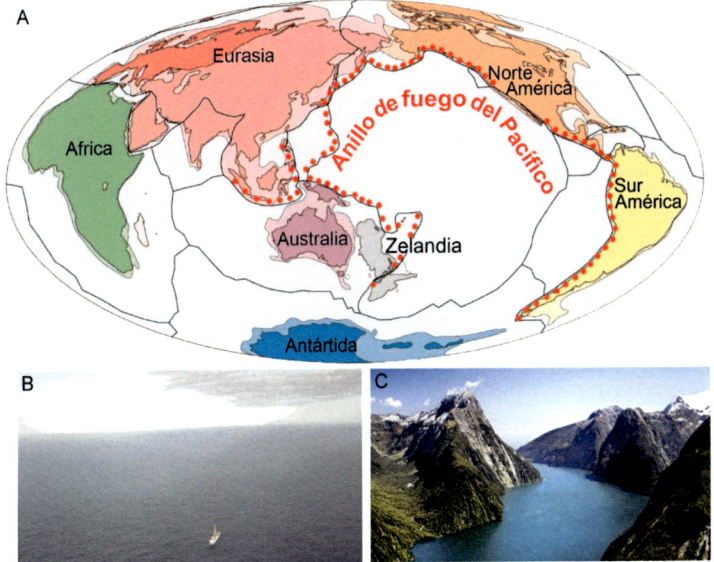

Figura 13. A, Mapa de los siete continentes conocidos, incluido Zelandia, que se sitúa en el Anillo de Fuego del Pacífico (modificado de Mortimer et al., 2017). B, Vista aérea de la expedición a Zelandia, que se encuentra mayormente sumergida bajo el océano Pacífico y mar de Tasmania (fotografía de Adam Kurtz). C, Únicamente aflora un 6 % de su superficie, que corresponde a las montañas más altas como la isla de Nueva Zelanda (vista de Milford Sound, al sur de Nueva Zelanda).

su estudio. No fue hasta 2017 cuando se demostró que Zelandia es el séptimo continente y que se extiende a lo largo de 4,9 millones de kilómetros cuadrados bajo el Pacífico suroeste (Mortimer et al., 2017).

El continente de Zelandia se separó de Australia y de la Antártida hace unos ochenta millones de años. Tradicionalmente se había aceptado que, a medida que el mar de Tasmania se fue abriendo, Zelandia comenzó una larga historia de separación, rotación y subsidencia, permaneciendo sumergida bajo el océano Pacífico y mar de

Tasmania hasta la actualidad. Sin embargo, eran muchas las incógnitas que se planteaban en torno a la evolución de este continente, situado en el Anillo de Fuego del Pacífico (figura 13), una franja de zonas de subducción que circunda las costas del océano Pacífico y donde la corteza oceánica se hunde bajo la corteza continental a través de planos inclinados, generando la mayor actividad sísmica y volcánica del planeta (figura 14). A lo largo de estos planos inclinados, la corteza desciende hasta el manto y acaba derritiéndose. El producto fundido asciende en forma de magma, generando hileras de volcanes que aparecen tierra adentro en paralelo con las zonas de subducción. En el Anillo de Fuego del Pacífico existen más de 450 volcanes, algunos extintos y otros que se cuentan entre los más activos de planeta. Además, en esta zona se concentra el 90 % de todos los terremotos del planeta. Por su importancia en riesgos geológicos y en la formación de recursos naturales, y como principal motor de la tectónica de placas y de los ciclos geoquímicos globales, que a su vez contribuyen al cambio climático, el estudio de las zonas de subducción resulta prioritario. Sin embargo, no se conoce a ciencia cierta cómo se inician los procesos de subducción, cuáles son las condiciones iniciales, cómo evolucionan las fuerzas y la cinemática, o cuáles son sus consecuencias a corto plazo y su impronta en la superficie (elevación, subsidencia, creación de cuencas sedimentarias profundas, convergencia, extensión, vulcanismo, etc.). El registro geológico de Zelandia, por sus características y contenido fosilífero, es clave para responder a dichas preguntas. Las múltiples incertidumbres en esta región del Pacífico suroeste, en la que los modelos climáticos presentan deficiencias en sus predicciones y donde existen muy pocos registros de la evolución biótica y climática, apuntaban a la necesidad de realizar estudios detallados de Zelandia.

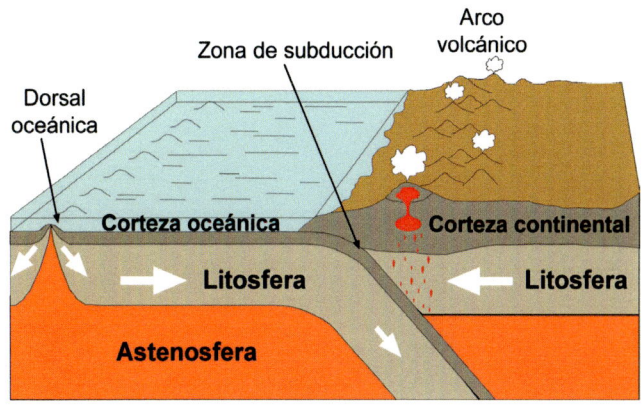

Figura 14. Zona de subducción, donde la corteza oceánica se hunde bajo la corteza continental a lo largo de un plano inclinado, generando fricción y terremotos. Al acercarse al manto, se derrite y el producto fundido asciende en forma de magma generando hileras de volcanes.

El consorcio *International Ocean Discovery Program* (IODP) organizó en 2017 una expedición a Zelandia para explorar en detalle este continente sumergido, investigar su evolución y los procesos de subducción, reconstruir los movimientos de las placas tectónicas y los cambios climáticos de los últimos 70 millones de años, y mejorar los modelos predictivos (Alegret, 2022). La expedición se desarrolló a bordo del buque *Joides Resolution* (figura 15), que partió de Townsville, en el noreste de Australia, el 27 de julio de 2017 y recorrió el norte de Zelandia, una amplia región del tamaño de la India, perforando sondeos submarinos. La expedición concluyó en la isla de Tasmania, al sur de Australia, dos meses después.

El *Joides Resolution* es un buque de perforación de 143 metros de eslora que cuenta con una torre de perforación de 63 metros. Bajo la torre hay una abertura

Figura 15. El buque Joides Resolution, en vista aérea durante la expedición IODP 371 a Zelandia. Foto de Adam Kurtz.

de 7 metros de diámetro, llamada *la piscina,* a través de la cual se envían los tubos de perforación al fondo marino (figura 16). Al tubo inferior se le acopla un cabezal de perforación que rompe la roca, y, a medida que los cilindros huecos van avanzando, se rellenan de sedimento. Posteriormente, los sondeos de unos nueve metros de longitud se suben a la superficie tirando de un cable y se cortan en secciones de 150 cm para un manejo más sencillo (figura 17).

El *Joides Resolution* tiene capacidad para atravesar varios kilómetros de columna de agua hasta alcanzar el fondo y a partir de allí perforar hasta 7 km de profundidad bajo el fondo marino (figura 17). Cuenta con un sistema de posicionamiento hidrodinámico que permite estabilizar el barco mientras se realizan los sondeos. Durante la

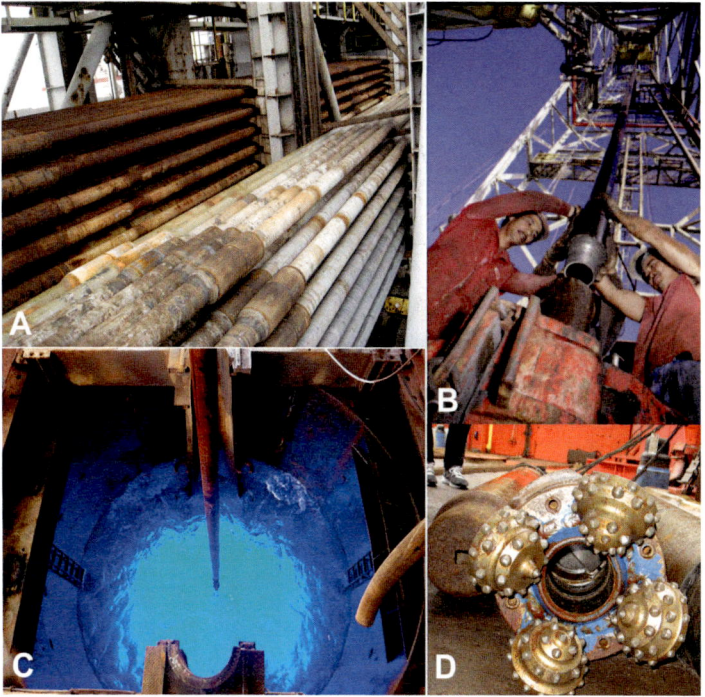

Figura 16. Detalles del Joides Resolution: A, tubos de perforación almacenados en el barco; B, sondistas colocando los tubos verticales en la torre de perforación; C, la «piscina», a través de la cual se bajan los tubos de perforación al fondo marino; D, cabezal de perforación.

expedición, los equipos humanos (un total de 124 personas entre tripulación, sondistas, personal técnico de laboratorio y científicos) se coordinan para trabajar en turnos de 12 horas diarias y aprovechar al máximo los trece millones de dólares que cuesta una expedición de dos meses en alta mar. El programa IODP es producto de la colaboración internacional de los países miembros del consorcio, y eso se traduce en la composición del equi-

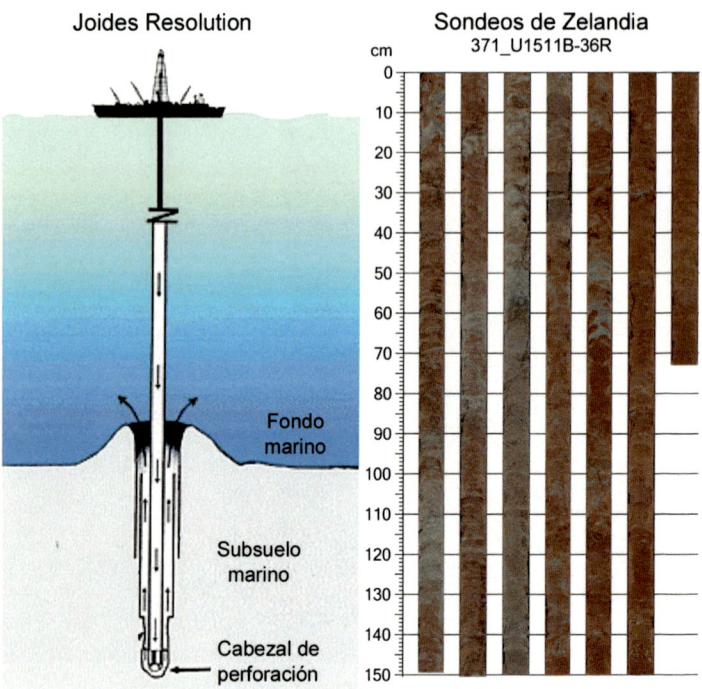

Figura 17. Esquema del buque Joides Resolution *perforando el fondo marino para obtener sondeos como los que se muestran en la fotografía, que fueron recuperados en la llanura abisal de Tasmania a más de 4900 m de profundidad. Fotografías: IODP.*

po científico que participó en la expedición, constituido por 32 personas de 14 países diferentes. Además de un buque de perforación, el *Joides Resolution* es un centro de investigación flotante, dotado de completos laboratorios que permiten procesar y estudiar las muestras obtenidas. El material recolectado es analizado de forma preliminar en el barco y se investiga de forma detallada a lo largo de años después de la expedición.

Durante la expedición a Zelandia se perforó el subsuelo marino en seis localizaciones, recuperando casi 3 km de sondeos que representan la evolución de este continente a lo largo de 70 millones de años. El sondeo más profundo se obtuvo en la llanura abisal de Tasmania, a más de 4900 m de profundidad de columna de agua, donde, una vez alcanzado el fondo, se perforaron 600 m de sedimento.

Una montaña rusa en el mar de Tasmania

Entre los objetivos de la expedición se encontraba describir la evolución de Zelandia como continente independiente desde que se separó de Australia y de la Antártida hace 80 millones de años. Los estudios clásicos suponían que, a medida que se fue abriendo el mar de Tasmania, Zelandia fue separándose, rotando en sentido anti-horario, y hundiéndose hasta la actualidad. Con el objetivo de investigar este proceso en detalle, se estudiaron los fósiles microscópicos que se hallaron en las muestras obtenidas durante la expedición. Además de su gran utilidad para datar las rocas y reconstruir el clima del pasado, algunos fósiles microscópicos, entre los que destacan los foraminíferos bentónicos, son unos excelentes marcadores de la profundidad a la que se depositó el sedimento en los fondos marinos hace millones de años, y su estudio fue fundamental para reconstruir la historia de Zelandia. Se descubrió que la geografía de Zelandia cambió radicalmente durante los últimos 70 millones de años, y se consiguió trazar sus movimientos a lo largo del tiempo. Áreas que se situaban a más de 1500 metros de profundidad se elevaron durante el Eoceno hasta el nivel del mar, como indica la presencia de sedimentos con microfósiles típicos de profundidades batiales, sobre los

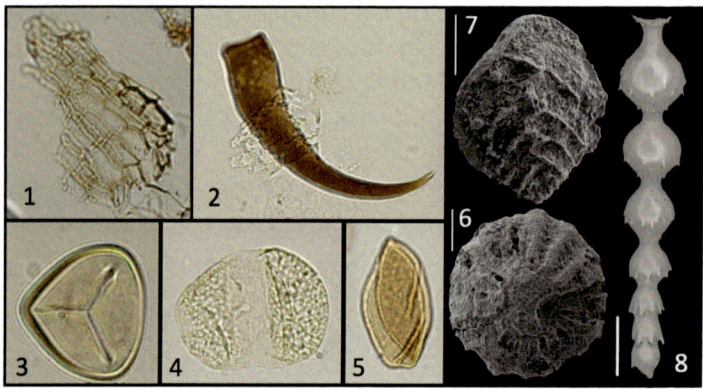

Figura 18. Fósiles microscópicos de Zelandia que evidencian la existencia de zonas emergidas (1, restos de plantas; 2, restos de insectos; 3-5, polen y esporas de angiospermas, helechos y coníferas; fotos de M. Cramwinckel), áreas muy someras o de playa (6, foraminífero bentónico) y zonas sumergidas a miles de metros de profundidad (7 y 8, foraminíferos bentónicos). Las escalas de los foraminíferos corresponden a 100 micras. Modificado de Alegret (2020).

que se depositaron otros sedimentos con microfósiles característicos de zonas someras (figura 18). Sabemos que, al contrario de lo que se había sugerido hasta el momento, algunas áreas de Zelandia incluso llegaron a emerger y hubo tierra firme hace 25 millones de años, tal y como atestiguan los restos de insectos y el polen y las esporas de plantas como angiospermas, helechos y coníferas (figura 18). Este hallazgo tiene claras implicaciones sobre los patrones evolutivos y biogeográficos de las especies, y permite analizar los endemismos en Nueva Zelanda o las rutas migratorias. Otras regiones se hundieron hasta profundidades batiales y abisales. También se han hallado evidencias de que las zonas más someras, típicas de ambientes de playa, fueron erosionadas y las arenas resultantes y los organismos que allí habitaban fueron arrastrados hacia zonas más profundas.

Estos grandes movimientos verticales de Zelandia a lo largo del tiempo, con zonas que se elevaron 1000 m y otras que se hundieron unos 2000 m, se han relacionado con los movimientos de subducción. El hundimiento de la Fosa de Nueva Caledonia en unos 2 km representa una de las primeras señales de subducción encontradas en todo el Pacífico occidental, entre 60 y 67 Ma, marcando así el comienzo de los procesos de subducción (Crouch et al., 2022). Los resultados obtenidos han permitido inferir cómo y cuándo este continente fue modelado por la actividad tectónica relacionada con el inicio de la subducción en el Pacífico occidental. Se ha propuesto un nuevo modelo de subducción (Sutherland et al., 2020), mejorando el conocimiento sobre este proceso y sobre sus consecuencias, como los riesgos geológicos o la formación de recursos minerales.

Muchos de los sondeos contienen registros de actividad volcánica relacionada con los movimientos de Zelandia y los procesos de subducción, y parece haber una estrecha relación con la formación del Anillo de Fuego del Pacífico, la formación de recursos naturales y cambios en el clima global.

Los fósiles de las antípodas y el cambio climático

Los sondeos perforados en Zelandia contienen evidencias de los cambios climáticos de los últimos 70 millones de años, y su estudio proporciona una visión única de una región apenas explorada. Además de registrar los cambios graduales en el clima del pasado, contienen evidencias de rápidos eventos de calentamiento global, los eventos hipertermales, que se superponen a las tendencias graduales. Estos eventos suponen un reto científico porque hace 50 millones de años Zelandia estaba situada cerca del Polo Sur, y los modelos climáticos no logran reproducir las altas temperaturas que indican los datos paleontológicos y geoquímicos. Por tal motivo, el análisis de los eventos hipertermales identificados en los sondeos de Zelandia cobra especial relevancia.

Los eventos hipertermales se registran con frecuencia como niveles arcillosos relativamente blandos, que, en el caso de Zelandia, aparecen intercalados entre otros niveles calizos más duros. Estas diferencias en la dureza del registro sedimentario supusieron un desafío técnico durante la expedición a Zelandia, porque los cabezales de perforación necesarios para obtener sondeos de rocas endurecidas son diferentes a los que se emplean para perforar el sedimento más blando. Por ese motivo y por las inclemencias meteorológicas que se experimentaron durante la expedición, no fue posible obtener un registro completo del Máximo Térmico del Paleoceno-Eoceno, el mayor de los hipertermales, ni tampoco de algunos de los hipertermales menores. A pesar de los contratiempos, se llegó a recuperar algunos eventos hipertermales del Paleoceno y del Eoceno de distinta magnitud y duración, que han sido estudiados (Alegret et al., 2021b) o están siendo estudiados por el equipo de la expedición, e incluso se ha descubierto un rápido evento de calentamiento que previamente no se había descrito. En las profundidades abisales de la Llanura de Tasmania se han hallado foraminíferos bentónicos de conservación excepcional (Kaminski et al., 2021), algo poco frecuente en microfósiles de 60 millones de años de antigüedad. En esa misma región se ha detectado, por primera vez en profundidades abisales, un largo periodo cálido de 500 000 años de duración en el Eoceno, que muestra cómo los efectos del calentamiento y cambios asociados en la acidez y geoquímica de las aguas penetran en el fondo marino a más de 4000 m de profundidad.

El análisis de todos estos eventos registrados en Zelandia está permitiendo conocer la relación entre la rapidez y magnitud de perturbaciones del ciclo del carbono (por ejemplo, a través de la liberación de gases de efecto invernadero) y el calentamiento, sus efectos sobre la geoquímica de los océanos y sobre los organismos y los ecosistemas marinos. Los resultados obtenidos permitirán conocer la resiliencia de especies marinas ante distintos escenarios de cambio climático, y contribuirán a mejorar los modelos climáticos en una región crítica.

CONSIDERACIONES FINALES:
LOS PELDAÑOS DEL FUTURO

La Tierra ha experimentado cambios climáticos desde su formación como planeta. Hace unos 4500 millones de años, el ambiente eran tan cálido que resultaba inadecuado para la vida, y hubo que esperar 500 millones de años más para que se dieran las condiciones de temperatura necesarias para el desarrollo de la vida en su forma más primitiva. Hace unos 2000 millones de años, la proliferación de los organismos fotosintéticos produjo un aumento significativo en el oxígeno atmosférico, y hace unos 1500 millones de años el clima cálido favoreció el desarrollo de comunidades microbianas que construyeron los primeros arrecifes. En esa época, el aumento en el oxígeno atmosférico favoreció la aparición de animales complejos. Hace unos 700-600 millones de años, el planeta se congeló varias veces y la totalidad de los continentes y océanos quedaron cubiertos por una gruesa capa de hielo, alcanzando temperaturas medias de –50 °C y provocando la primera extinción en masa del plancton marino. La vida resurgió de forma sorprendente después de esta glaciación, y en un mundo sin predadores proliferaron los animales pluricelulares de cuerpo blando, conocidos como la fauna de Ediacara (figura 19). Sus enigmáticos

Figura 19. Recreación de la fauna de Ediacara. Ilustración de John Sibbick.

fósiles no se parecen a ningún fósil conocido. Una fauna fascinante a la que se refirió Mark McMenamin:

> A los aspirantes a paleontólogos generalmente les atraen los enormes huesos de dinosaurios carnívoros y mamíferos pleistocenos. Pero, para encontrar monstruos de verdad, las maravillas extrañas de mundos perdidos, uno ha de fijarse en la paleontología de invertebrados. Sin duda alguna, los cuerpos fosilizados más raros se encuentran en la fauna de Ediacara (McMenamin, 1998).

Algunos paleontólogos han sugerido que serían un «experimento» de la vida pluricelular que ocupó los mares durante 100 millones de años, hasta que desapareció para siempre.

Aparición de especies, evolución y extinción. Un proceso que se ha repetido en multitud de ocasiones. Las especies que no están bien adaptadas al medio desaparecen, mientras que otras permanecen y continúan evolucionando, permitiendo la renovación y aparición de innovaciones en la biosfera. Además de estas extinciones de fondo, la larga historia de la vida ha estado salpicada por unos pocos eventos en los que se concentran muchas extinciones y que se conocen como *eventos de extinción en masa*. Desde el Cámbrico, hace unos 500 millones de años, se han producido cinco grandes eventos de extinción en masa, en los que desaparecieron más del 75 % de las especies, y en la actualidad estamos presenciando la sexta gran extinción en masa, pero en este caso no se debe a causas naturales, sino que está siendo provocada por la acción de una especie, *Homo sapiens*. La velocidad de extinción de las especies en el futuro presenta muchas incertidumbres, pero el registro fósil indica que, si la tendencia actual de extinción continúa, los humanos tendrán un impacto de varios millones de años de duración sobre la evolución de las especies en nuestro planeta. Por otro lado, la extinción de especies siempre ha supuesto una oportunidad para la vida, y permitió la proliferación de los corales tabulares tras la extinción de finales del Ordovícico, la diversificación del grupo más abundante de peces en la actualidad (Actinopterigios) tras la extinción del Devónico, el gran éxito evolutivo de los arcosaurios después de la extinción del Pérmico/Triásico, el dominio de los grandes dinosaurios tras la extinción del finales del Triásico y la exitosa diversificación de los mamíferos tras la extinción de los dinosaurios no avianos en el límite Cretácico/Paleógeno.

Siempre ha habido extinciones y siempre las habrá. Siempre ha habido cambios climáticos y siempre los habrá, pero el registro geológico y fósil más detallado que tenemos indica que la velocidad y magnitud de emisiones de gases de efecto invernadero y el cambio climático asociado, no tienen precedentes en los últimos 66 millones de años. Cualquiera que sea su evolución, no impedirá que nuestro planeta y la vida sobre él continúen su largo viaje. Pero las condiciones ambientales quizás no sean las adecuadas para *Homo sapiens*. Las simulaciones para los próximos 300 años indican que estamos muy cerca de alcanzar el nivel crítico de CO_2 atmosférico que marca la diferencia entre el mundo «fresco» y el mundo cálido o invernadero del Paleoceno y Eoceno. Las consecuencias a corto plazo incluyen calentamiento global, fenómenos meteorológicos intensos, cambios en la circulación oceánica, acidificación de los océanos, la pérdida del hielo permanente y el ascenso del nivel del mar, entre otros. Estas consecuencias comprometen la habitabilidad del planeta para nuestra especie, aumentando los riesgos para la salud humana (pandemias, enfermedades y calor extremo), comprometiendo la disponibilidad de alimento, agua y aire saludable, reduciendo el hábitat de los 600 millones de personas que viven en zonas costeras a menos de 10 metros sobre el nivel del mar (Summerhayes y Cearreta, 2019), que se verán inundadas, y afectando a la economía y a la sociedad. Las consecuencias a medio y largo plazo no se conocen con exactitud y requieren realizar simulaciones. El estudio de eventos hipertermales de distinta magnitud, velocidad y duración, y el análisis de sus consecuencias sobre la vida y los ecosistemas, permite mejorar los modelos predictivos del actual cambio climático. El registro geológico y paleontológico permite poner en contexto el actual cambio global, entender su excepcionalidad, tomar decisiones sobre posibles riesgos y proponer mecanismos de mitigación y adaptación.

El reto del cambio climático requiere acciones inmediatas para prevenir daños irreversibles sobre los ecosistemas y para garantizar la habitabilidad del planeta para nuestra especie. *Homo sapiens* ha logrado alterar en apenas un siglo la variabilidad natural del planeta. Es responsabilidad de todos nosotros, *Homo sapiens*, entender la excepcionalidad del cambio climático que hemos causado, reducir en la medida de lo posible las emisiones de gases de efecto invernadero y poner en marcha mecanismos de mitigación y adaptación que nos permitan mantener los peligros climáticos dentro de los niveles tolerables para nuestra civilización. Como sociedad avanzada, tenemos la capacidad y la obligación de potenciar el desarrollo y despliegue oportuno de nuevas tecnologías que desliguen de los combustibles fósiles los procesos de fabricación, las cadenas de producción de alimentos y las fuentes de energía. El camino desde los descubrimientos científicos fundamentales hasta la implementación de la tecnología oscila entre una y varias décadas, y se espera que las tecnologías clave de energía limpia que en la actualidad se encuentran en etapas de demostración o de prototipo lleguen a los mercados dentro de seis años. Lograr la transformación global del panorama energético en unas pocas décadas requiere ciclos de innovación más rápidos, que quizás puedan ser acelerados mediante inteligencia artificial.

Como demuestran más de 4500 millones de años de historia, nuestro planeta no necesita ser salvado. Pero *Homo sapiens,* esa especie recién llegada que ha cambiado el clima del futuro, sí que debería hacer todo lo posible por asegurarse un futuro habitable. Ana María Matute escribió: «El mundo hay que fabricárselo uno mismo, hay que crear peldaños que te suban, que te saquen del pozo. Hay que inventar la vida, porque acaba siendo verdad». Inventemos entre todos un futuro para nuestra especie, y hagámoslo realidad.

BIBLIOGRAFÍA

Alegret, L. (2020). Continentes sumergidos y otros secretos bajo los fondos oceánicos. *Quercus,* 413: 62-64.

Alegret, L. (2022). La exploración de Zelandia, el continente sumergido. *The Conversation.* <https://theconversation.com/la-exploracion-de-zelandia-el-continente-sumergido-180431>.

Alegret, L. (2023). *Los foraminíferos bentónicos en el estudio de fenómenos globales: del cambio climático a la exploración de un continente sumergido.* Discurso leído en el acto de su recepción como Académica de Número por la Excma. Sra. D.ª Laia Alegret Badiola y contestación del Excmo. Sr. D. Antonio Cendrero Uceda. Real Academia de Ciencias Exactas, Físicas y Naturales de España. Madrid, ISBN 978-84-87125-80-5, 80 págs.

Alegret L. y Thomas E. (2007). Deep-Sea environments across the Cretaceous/Paleogene boundary in the eastern South Atlantic Ocean (ODP Leg 208, Walvis Ridge). *Marine Micropaleontology,* 64: 1-17.

Alegret L., Ortiz S., Orúe-Etxebarría X., Bernaola G., Baceta J.I., Monechi S., Apellániz E. y Pujalte V. (2009). The Paleocene-Eocene Thermal Maximum: new data from the microfossil turnover at the Zumaia section, Spain. *Palaios,* 24: 318-328.

Alegret L., Ortiz S., Arenillas I. y Molina E. (2010). What happens when the ocean is overheated? The foraminiferal response across the Paleocene-Eocene Thermal Maximum at the Alamedilla section (Spain). *Geological Society of America Bulletin,* 122 (9/10): 1616-1624.

Alegret L., Thomas E. y Lohmann, K.C. (2012). End-Cretaceous marine mass extinction not caused by productivity collapse. *Proceedings of the National Academy of Sciences,* 109 (3): 728-732.

Alegret L., Arreguín-Rodríguez G.J., Trasviña-Moreno C.A. y Thomas E. (2021a). Turnover and stability in the deep sea: benthic foraminifera as tracers of Paleogene global change. *Global and Planetary Change,* 196, 103372.

Alegret L., Harper D.T., Agnini C., Newsham C., Westerhold T., Cramwinckel M.J., Dallanave E., Dickens G.R. y Sutherland R. (2021b). Biotic Response to early Eocene Warming Events: Integrated Record from Offshore Zealandia, north Tasman Sea. *Paleoceanography and Paleoclimatology,* 36, e2020PA004179.

Alegret L., Arreguín-Rodríguez G.J. y Thomas E. (2022). Oceanic productivity after the Cretaceous/Paleogene impact: where do we stand? The view from the deep. En: Koeberl C., Claeys P., Montanari A. (eds.), *From the Guajira desert to the Apennines, and from Mediterranean microplates to the Mexican killer asteroid: Honoring the career of Walter Alvarez.* Geological Society of America Special Paper 557, cap. 21: 449-470.

Baceta J.I., Orúe-Etxebarría X., Apellániz E., Martín-Rubio M. y Bernaola G. (2012). *El flysch del litoral Deba-Zumaya: una ventana a los secretos de nuestro pasado geológico.* Servicio Editorial de la Universidad del País Vasco, 138 págs.

Bednaršek N., Tarling G.A., Bakker D.C., Fielding S., Cohen A., Kuzirian A., McCorkle D., Lézé B. y Montagna R. (2012). Description and quantification of pteropod shell dissolution: a sensitive bioindicator of ocean acidification. *Global Change Biology,* 18: 2378-2388.

Bian L., Leslie S.J. y Cimpian A. (2017). Gender stereotypes about intellectual ability emerge early and influence children's interests. *Science,* 335 (6323): 389-391.

Bosscher M. (2016). The unlikely palaeontologist: an interview with Mary Schweitzer, <https://thewell.intervarsity.org/voices/unlikely-paleontologist-interview-mary-schweitzer-part-2>.

Callendar G.S. (1938). The artificial production of carbon dioxide and its influence on temperature. *Quarterly Journal of the Royal Meteorological Society,* doi:10.1002/qj.49706427503.

Cearreta A. (2021). La perspectiva del Antropoceno: Una mirada geológica al cambio climático. *Mètode Science Studies Journal,* 110: 45-51.

Cohen K.M., Finney S.M., Gibbard P.L. y Fan J.X. (2013). The ICS International Chronostratigraphic Chart. *Episodes,* 36: 199-204.

Cronin T.M. (1999). *Principles of Paleoclimatology. Perspectives in Paleobiology and Earth History Series.* Nueva York: Columbia University Press, 560 págs.

Crouch E.M., Clower C.D., Raine J.I., Alegret L., Cramwinckel M.J., Sutherland, R. (2022). Latest Cretaceous and Paleocene biostratigraphy and paleogeography of northern Zealandia, IODP Site U1509, New Caledonia Trough, southwest Pacific. *New Zealand Journal of Geology and Geophysics,* doi.org/10.108 0/00288306.2022.2090386.

Cui Y., Kump L.R., Ridgwell A.J., Charles A.J., Junium C.K., Diefendorf A.F., Freeman K.H., Urban N.M. y Harding I.C. (2011). Slow release of fossil carbon during the Palaeocene-Eocene Thermal Maximum. *Nature Geoscience,* 4: 481-485.

Dunkley Jones T., Manners H.R., Hoggett M., Kirtland Turner S., Westerhold T., Leng M.J., Pancost R.D., Ridgwell A., Alegret L., Duller R. y Grimes S.T. (2018). Dynamics of sediment flux to a bathyal continental margin section through the Paleocene-Eocene Thermal Maximum. *Climate of the Past,* 14: 1035-1049.

Field C.B., Barros V.R. y 57 más (2014). *Climate Change 2014: Impacts, adaptation and vulnerability.* Cambridge University Press, 35-94.

Flammarion C. (1886). *Le monde avant la création de l'homme.* C. Marpon et E. Flammarion Éditeurs, París, 898 págs.

Foote E. (1956). Circumstances affecting the Heat of the Sun's Rays. *American Journal of Science and Arts,* 22: 382-383.

Gilloly J.F., Brown J., West G.B., Savage V.M. y Charnov E.L. (2001). Effects on size and temperature on metabolic rate. *Science,* 293, 2248-2251.

Gingerich P.D. (2006). Environment and evolution through the Paleocene-Eocene Thermal Maximum. *Trends Ecol. Evol.,* 21: 246-253.

Henehan M., Ridgwell A., Thomas E., Zhang S., Alegret L., Schmidt D.N., Rae J.W.B., Witts J.D., Landman N.H., Greene S., Huber B.T., Super J., Planavsky N.J. y Hull P.M. (2019). Rapid ocean acidification and phased biogeochemical recovery following the end-Cretaceous Chicxulub impact. *Proceedings of the National Academy of Sciences*, 116 (45): 22500-22504.

Hönisch B., Ridgwell A., Schmidt D.N., Thomas E., Gibbs S.J., Sluijs A., Zeebe R., Kump L., Martindale R.C., Greene S.E., Kiessling W., Ries J., Zachos J.C., Royer D.L., Barker S., Marchitto T.M., Moyer R., Pelejero C., Ziveri P., Foster G.L. y Williams B. (2012). The geological record of ocean acidification. *Science*, 335: 1058-1063.

Huber M. y Thomas E. (2008). Paleoceanography: greenhouse climates. En: Steele J.H., Thorpe S.A. y Turekian K.K. (eds.), *Encyclopedia of Ocean Sciences*, 2.ª edición, Elsevier, 4229-4239.

Hull P., Bornemann A., Penman D., Henehan M.J., Norris R.D., Wilson P.A., Blum P., Alegret L., Batenburg S., Bown P., Bralower T.J., Cournede C., Deutsh A., Donner B., Friedrich O., Jehle S., Kim H., Kroon D., Lippert P., Loroch D., Moebius I., Moriya K., Peppe D.J., Ravizza G., Röhl U., Schueth J.D., Sepulveda J., Sexton P., Sibert E., Sliwinska K., Summons R., Thomas E., Westerhold T., Whiteside J., Yamaguchi T. y Zachos J.C. (2020). On Impact and Volcanism across the Cretaceous-Paleogene Boundary. *Science*, 367: 266-272.

IPCC (2007). Cambio climático 2007: Informe de síntesis. Contribución de los Grupos de trabajo I, II y III al Cuarto Informe de evaluación del Grupo Intergubernamental de Expertos sobre el Cambio Climático [Equipo de redacción principal: Pachauri R.K. y Reisinger A. (directores de la publicación)]. IPCC, Ginebra, Suiza, 104 págs.

IPCC (2023). Climate Change 2023: Synthesis Report. Contribution of Working Groups I, II and III to the Sixth Assessment Report of the Intergovernmental Panel on Climate Change [Equipo de redacción principal: Lee H. y Romero J. (eds.)]. IPCC, Ginebra, Suiza, págs. 35-115, doi: 10.59327/IPCC/AR6-9789291691647.

Kaminski M.A., Alegret L., Hikmahtiar S. y Waskowska A. (2021). The Paleocene of IODP Site U1511, Tasman Sea: A lagerstätte deposit for deep-water agglutinated foraminifera. *Micropaleontology*, 67 (4): 341-364,

Keeling C.D., Piper S.C., Bacastow R.B., Wahlen M., Whorf T.P., Heimann M. y Meijer H.A. (2001). Exchanges of atmospheric CO_2 and $^{13}CO_2$ with the terrestrial biosphere and oceans from 1978 to 2000. I. Global aspects, SIO Reference Series, No. 01-06, Scripps Institution of Oceanography, San Diego, 88 págs.

Keeling R.F. y Keeling C.D. (2017). Atmospheric Monthly In Situ CO2 Data - Mauna Loa Observatory, Hawaii (Archive 2023-06-04). En: Scripps CO2 Program Data. UC San Diego Library Digital Collections. <https://doi.org/10.6075/J08W3BHW>.

Lan X., Thoning K.W. y Dlugokencky E.J. (2024). Trends in globally-averaged CH4, N2O, and SF6 determined from NOAA Global Monitoring Laboratory measurements. Version 2024-01, <https://doi.org/10.15138/P8XG-AA10>.

López Martínez N. y Truyols J. (1994). *Paleontología. Conceptos y métodos*. Editorial Síntesis, 19, 334 págs.

Lüthi D., Le Floch M., Bereiter B., Blunier T., Barnola J.-M., Siegenthaler U., Raynaud D., Jouzel J., Fischer H., Kawamura K. y Stocker T.F. (2008). High-resolution carbon dioxide concentration record 650,000-800,000 years before present. *Nature,* 453: 379-382.

Ma Z., Gray E., Thomas E., Murphy B., Zachos J.C. y Paytan A. (2014). Carbon sequestration during the Paleocene-Eocene Thermal maximum by an efficient biological pump. *Nature Geoscience,* 7: 382-388.

Marcott S.A., Shakun J.D., Clark P.U. y Mix A.C. (2013). A Reconstruction of Regional and Global Temperature for the Past 11,300 Years. *Science,* 339: 1198-1201.

Marland G., Boden T.A. y Andres R.J. (2005). Global, Regional, and National Fossil Fuel CO_2 Emissions. En: *Trends: A Compendium of Data on Global Change*. Oak Ridge Laboratory.

Masson-Delmotte V., Schulz M., Abe-Ouchi A., Beer J., Ganopolski A., González Rouco J.F., Jansen E., Lambeck K.,

Luterbacher J., Naish T., Osborn T., Otto-Bliesner B., Quinn T., Ramesh R., Rojas M., Shao X. y Timmermann A. (2013). Information from Paleoclimate Archives. En: Climate Change 2013: The Physical Science Basis. Contribution of Working Group I to the Fifth Assessment Report of the Intergovernmental Panel on Climate Change [Stocker T.F., Qin D, Plattner G.-K., Tignor M., Allen S.K., Boschung J., Nauels A., Xia Y., Bex V. y Midgley P.M. (eds.)]. Cambridge University Press, Cambridge, Reino Unido, y Nueva York, NY, EE. UU.

McMenamin M.A. (1998). *The Garden of Ediacara*. Nueva York, Columbia University Press, 368 págs.

Meinshause M., Smith S.J., Calvin K., Daniel J.S., Kainuma M.L.T., Lamarque J.-F., Matsumoto K., Montzka S.A., Raper S.C.B., Riahi K., Thomson A., Velders G.J.M. y van Vuuren D.P.P. (2011). The RCP greenhouse gas concentrations and their extension from 1765-2300. *Climate Change*, 109: 21-241.

Mortimer N., Campbell H.J., Tulloch A.J., King P.R., Stagpoole V.M., Wood R.A., Rattenbury M.S., Sutherland R., Adams C.J., Collot J. y Seton M. (2017). Zealandia: Earth's hidden continent. *GSA Today*, 27(3): 27-35.

Murray J.W. (2006). *Ecology and Applications of Benthic Foraminifera*. Cambridge University Press, Cambridge, Reino Unido, 426 págs.

Palmer M.D., Harris G.R. y Gregory J.M. (2018). Extending CMIP5 projections of global mean temperature change and sea level rise due to the thermal expansion using a physically-based emulator. *Environmental Research Letters*, 13 (8), 084003.

Rivero-Cuesta L., Westerhold T. y Alegret L. (2020). The Late Lutetian Thermal Maximum (middle Eocene): first record of deep-sea benthic foraminiferal response. *Palaeogeography, Palaeoclimatology, Palaeoecology*, 545 <https://doi.org/10.1016/j. palaeo.2020.109637>.

Rockström J., Steffen W., Noone K., Persson A., Chapin F.S. III, Lambin E.F., Lenton T.M., Scheffer M., Folke C., Schellnhuber H.J., Nykvist B., de Wit C.A., Hughes T., van der Leeuw S., Rodhe H., Sörlin S., Snyder P.K., Costanza R., Svedin U.,

Falkenmark M., Karlberg L., Corell R.W., Fabry V.J., Hansen J., Walker B., Liverman D., Richardson K., Crutzen P. y Foley J.A. (2009). A safe operating space for humanity. *Nature,* 461: 472-475.

Romanello M., di Napoli C., Green C., Kennard H., Lampard P., Scamman D., et al. (2023). The 2023 report of the Lancet Countdown on health and climate change: the imperative for a health-centred response in a world facing irreversible harms. *Lancet,* 402: 2346-2394.

Ruddiman W.F. (2008). *Earth's Climate: Past and Future.* W. H. Freeman, Reino Unido, 388 págs.

Sanz-García J.L. (2023). *Dinosaurios y otros animales. Paleontología y su impacto en la cultura popular.* Editorial Crítica, Barcelona, 592 págs.

Schulte P., Alegret L., Arenillas I., Arz J.A., Barton P., Bralower T., Bown P.R., Christeson G.L., Claeys P., Cockell C.S., Collins G.S., Deutsch A., Goldin T., Johnson K.D., Goto K., Grajales J.M., Grieve R., Gulick S., Kiessling W., Koeberl C., Kring D.A., MacLeod K.G., Matsui T., Melosh J., Montanari A., Morgan J.V., Neal C.R., Nichols D.J., Norris R.D., Pierazzo E., Ravizza G., Rebolledo M., Reimold U., Robin E., Salge T., Speijer R.P., Sweet A.R., Urrutia J., Vajda V., Whalen M.T. y Willumsen P. (2010). The Chicxulub impact and the mass extinction at the Cretaceous-Paleogene boundary. *Science,* 327: 1214-1218.

Summerhayes C. y Cearreta A. (2019). Climate change and the Anthropocene. En Zalasiewicz J., Waters C.N., Williams M. y Summerhayes C.P. (eds.), *The Anthropocene as a geological time unit. A guide to the scientific evidence and current debate* (págs. 200-241). Cambridge University Press.

Sutherland R., Dickens G.R., Blum P., Asatryan G., Agnini C., Alegret L., Bhattacharya J., Bordenave A., Chang L., Collot J., Cramwinckel M.J., Dallanave E., Drake M.K., Etienne S.J.G., Giorgioni M., Gurnis M., Harper D.T., Huang H.H.M., Keller A.L., Lam A.R., Li H., Matsui H., Morgans H.E.G., Newsam C., Park Y.-H., Pascher K.M., Pekar S.F., Penman D.E., Saito S., Stratford W.R., Westerhold T. y Zhou X. (2018). Expedition 371 Preliminary Report: Tasman Frontier Subduction Initiation and Paleogene Climate. *International Ocean Discovery Program,* doi: 10.14379/iodp.pr.371.2018.

Sutherland R., Dickens G.R., Blum P., Agnini C., Alegret L., Asatryan G., Bhattacharya J., Bordenave, A., Chang L., Collot J., Cramwinckel M.J., Dallanave E., Drake M.K., Etienne S.J.G., Giorgioni M., Gurnis M., Harper D.T., Huang H.H.M., Keller A.L., Lam A.R., Li H., Matsui H., Morgans H.E.G., Newsam C., Park Y.H., Pascher K.M., Pekar S.F., Penman D.E., Saito S., Stratford W.R., Westerhold T. y Zhou X. (2020). Continental-scale geographic change across Zealandia during Paleogene subduction initiation. *Geology,* 48, <https://doi.org/10.1130/G47008.1>.

Thomas E. (2007). Cenozoic mass extinctions in the deep sea: what perturbs the largest habitat on Earth? En: Monechi S., Coccioni R. y Rampino M.R. (eds.), *Large Ecosystem Perturbations: Causes and Consequences,* vol. 424. Geological Society of America, págs. 1-23. Special Papers.

Thomas E., Brinkhuis H., Huber M. y Röhl U. (2006). An ocean view of the early Cenozoic Greenhouse World. *Oceanography* (Special Volume on Ocean Drilling), 19: 63-72.

Westerhold T., Röhl U., Donner B., Frederichs T., Kordesch W.E.C., Bohaty S.M., Hodell D.A., Laskar J. y Zeebe R.E. (2018). Late Lutetian Thermal Maximum-crossing a thermal threshold in Earth's climate system? *Geochemistry, Geophysics, Geosystems,* 19: 73-82.

Westerhold T., Marwan N., Drury A.J., Liebrand D., Agnini C., Anagnostou E., Barnet J.S.K., Bohaty S.M., De Vleeschouwer D., Florindo F., Frederichs T., Hodell D.A., Holbourn A.E., Kroon D., Lauretano V., Littler K., Lourens L.J., Lyle M., Paelike H., Roehl U., Tian J., Wilkens R.H., Wilson P.A. y Zachos J.C. (2020). An astronomically dated record of Earth's climate and its predictability over the last 66 million years. *Science,* 369: 1383-1387.

Wilf P., Wing S.L., Greenwood D.R. y Greenwood C.L. (1998). Using fossil leaves as paleoprecipitation indicators: an Eocene example. *Geology,* 26: 203-206.

Wing S.L., Harrington G.J., Smith F.A., Bloch J.I., Boyer D.M. y Freeman K.H. (2005). Transient floral change and rapid global warming at the Paleocene–Eocene boundary. *Science*, 310: 993-996.

Wolfe J. A. (1979). Temperature parameters of humid to mesic forests of Eastern Asia and relation to forests of other regions of the Northern Hemisphere and Australasia. *Geological Survey Professional Paper* 1106; 1-17. Washington D.C. <https://doi.org/10.3133/pp1106>.

Zachos J.C., Dickens G.R. y Zeebe R.E. (2008). An early Cenozoic perspective on greenhouse warming and carbon-cycle dynamics. *Nature*, 451: 279-283.

Zeebe R.E. y Zachos J.C. (2013). Long-term legacy of massive carbon input to the Earth system: Anthropocene versus Eocene. *Philosophical Transactions of the Royal Society A*, 371, 20120006.

ÍNDICE

Esta obra se terminó de imprimir
en marzo de 2024
en los talleres gráficos
del Servicio de Publicaciones
de la Universidad de Zaragoza